牧野富太郎 通信

―知られざる実像―

松岡司 著

『日本植物志図篇』第１巻第１集。佐川理学会へ贈ったもの

（佐川町教育委員会蔵）

佐川の友人（左右）と撮った写真　　明治16年
＜湿版＞　　（川田佐枝氏蔵）

吉永虎馬（右）と楽しそうに語り合う牧野富太郎
昭和11年　（井上勁一郎氏提供）

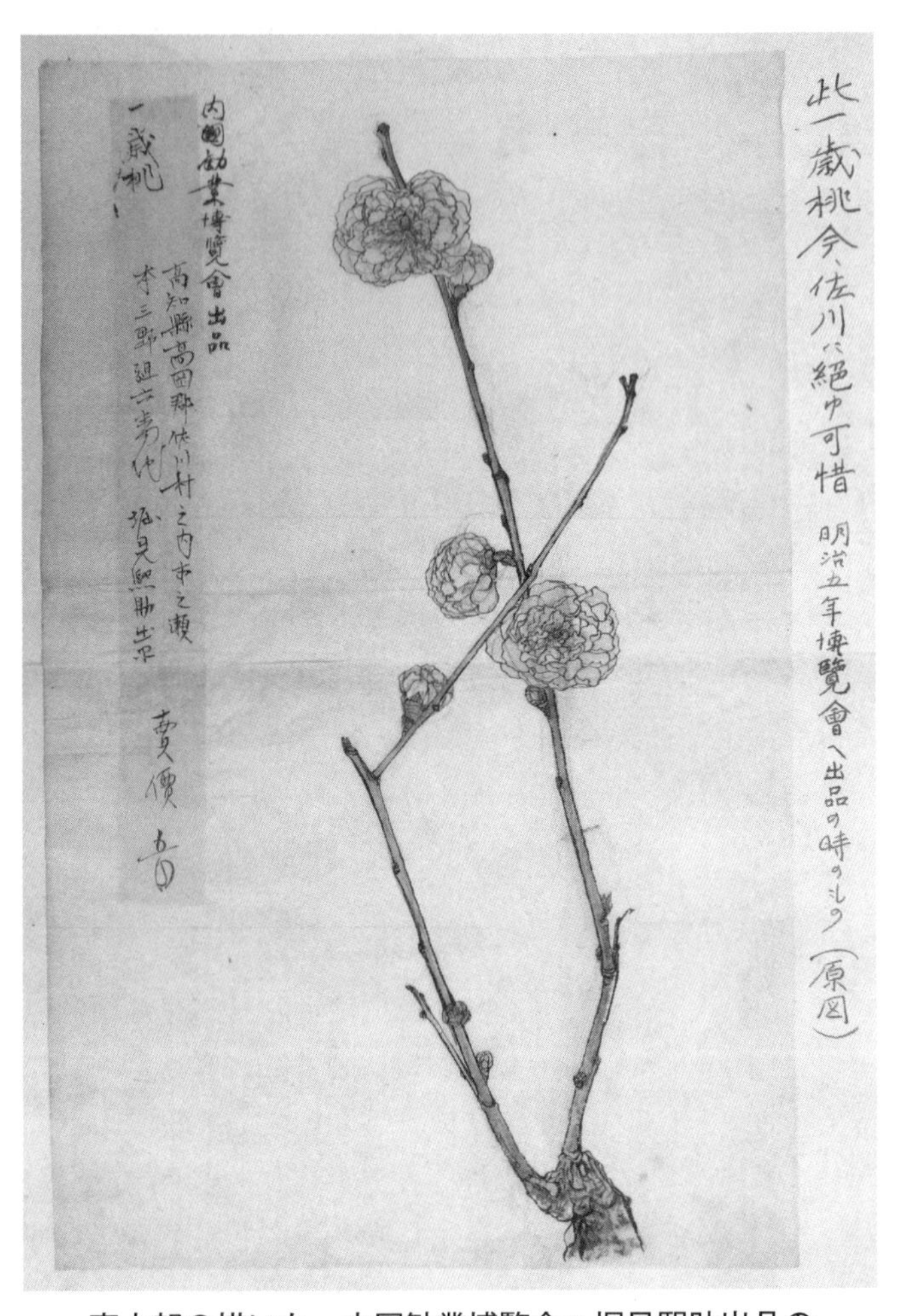

富太郎の描いた、内国勧業博覧会へ堀見熙助出品の一歳桃図　明治５年とあるのは明治14年の誤りか
（佐川町教育委員会蔵）

高知県立川村で足留め中に描いたシャクナゲ図

（佐川町教育委員会蔵）

牧野富太郎が初めて学名を付けたヤマトグサ
（高知県立牧野植物園で）

牧野富太郎が学名を付けたムカデラン（著者宅の同種）

序章

一　生涯

『牧野日本植物図鑑』を知らぬ人はいまい。公共図書館、小中学校図書室など、今でも必ずといってよいほど開架されていよう。驚異的なことだ。

日本の近代植物学を確立した牧野富太郎は、文久二年（一八六二）、土佐国高岡郡佐川村（現佐川町）に生まれた。維新の混乱期だったが、商家の出である彼には幸いした。藩政期なら入校できるはずのない武士の学校名教館（めいこう）。その伝統を引く有志が運営の義校である名教館で学ぶことができた。新しい学問の英語を学び、かたわら高いレベルの漢学を教わることができた。

尋常ならぬ植物への関心を悟った富太郎は、独学ののち東京へ上って最前線の研究者を知る。決意を新たに再上京して、東京大学理学部植物学教室への出入りを許され、以後、能力を開花する場面が次々と展開される。

最高の研究誌『**植物学雑誌**』を生み、学会を感嘆させた『**日本植物志図篇**』を出し、かたわら新発見したヤマトグサは、日本人初の学名発表として世界へ知られた。

輝かしい業績の始まりは、植物学教室教授との間に確執を生み、おって救いを求めたロシアのマキシモビッチ博士は死去する。苦境に輪をかけて実家まで傾きながら、研究の意欲は失わず、明治二十六年（一八九三）初めて帝国大学理科大学助手に任命された。薄給の人生の始まりで、これは昭和十四年（一九三九）同大学講師辞任に至るまでの、四十六年間という驚くべき長さに及んだ。

富太郎の、常人の感覚をはずれた生活観、高価格を厭わない書籍への執着もあって、生活は何度も破綻した。それでも研究が続けられた背景には、後妻寿衛（すえ）の命をかけた内助の功、標本を守った池長孟（はじめ）、また全国各地にわたる植物研究者の理解があった。

とりわけ、十三人もの子を産みながら必死につくし、ついには治療費に苦しんで亡くなった寿衛、外国へ売られようかという標本三十万点の危機を救い、植物研究所を設けた池永孟、この二人を決して忘れてはならない。

　富太郎の研究は、大学を辞してから同三十二年九十四歳で亡くなるまで続き、『**牧野日本植物図鑑**』を始め、著書の刊行はむしろ晩年が多かったのである。

二　通信

　歴史家が著した本格的な富太郎の伝記は、まだないようだ。

　筆者は二十年以上前、当時の高知県立牧野植物園長だった故里見剛氏ら数名の来訪をうけ、同園にある富太郎に宛てた四千通前後の手紙の整理・解読を依頼されたことがある。まだ歴史研究者の手を付けるところではないと考え断ったが、ずっと心に残っていた。

　今年（二〇一六）は富太郎の生誕百五十四年。歿してからは五十九年だ。まだ機微に触れる諸事情から公開できぬものもあるようだが、今回、可能な二千点近くからごく一部を選び、さらに他機関、個人宅にある富太郎の書状らを加えて広く紹介したいと考えた。

富太郎の植物学上の第一の功績が、近代的な分類・命名にあることは、今さらいうまでもない。そしてそのため、彼は生きた植物の現認・採集を最重視した。「跋渉（ばっしょう）の労を厭ふ勿（なか）れ」を励行し、「博（ひろ）く交を同志に結ぶ可し」（「赭鞭一撻（しゃべんいったつ）」）を積極的におこなった。富太郎の第二の功績は、これによって植物学を日本中に広め、植物学を大衆にわかりやすく教えたことにあった。よって富太郎は、人とのつながりを大変大切にした。

佐川町に、彼が座右にした住所録がある。内容はまだ非公開だが、五十音順にまとめられた丁数およそ百四十枚。二千八百人にも及ぼうかという人と住所が、長い年月にわたって書き継がれていることがわかる。

富太郎は、だれからの手紙でも、植物に関する内容なら必ず返事を書いた。一線の研究者はもとより、たとえ見知らぬ人、つたない学校の生徒でも手紙を認めた。これはときに標本を期待する意味もあったが、結果的に植物学の裾野を広げるのに大いに役立ったのだ。

富太郎に出された手紙は膨大な数にのぼり、おのずと富太郎が認めた手紙も多い。生涯を通せば、数万通を超えているのではないか。

富太郎の伝記を書くに、これらの調査・分析は欠かせまい。以下、その氷山の一角ながら、**富太郎に宛てられた書状等を前編、富太郎本人が書いた書状等(写本を含む)を後編、として紹介する。**所蔵先は特に記さない限り、牧野植物園牧野文庫か井上勁一郎氏である。

目次

前編

第一章　故郷の香

一　吉永虎馬（よしながとらま）（一）

富太郎は一時帰省していた明治二十一年（一八八八）、佐川理学会を創った。その環境下で植物学者へと大成した人に、九歳下の吉永虎馬がいた。郷里を同じくする上に同学とあって交流は彼が歿するまで続き、互いの書信は富太郎の研究をするに欠かせない。次は、東京市外渋谷町（現渋谷区）に住む富太郎へ高知市外小高坂村（現高知市内）から出した、五月十一日の虎馬の葉書。

土佐の鉄道も大分運びまして、来年の四月頃迄には、須崎から日下迄営業するとの事です、別封の新聞を御覧下されませ、佐川辺は大概（たいがい）路面丈（だけ）は完成して居ます高知県に鉄道が初めて開通したのは大正十三年（一九二四）の須崎・日下間だった。手紙はそれを予告する同十二年のものであるとわかる。続いて記す。

○近頃、永沼先生から一向お便りがなくて心配して居ます、如何(いかが)でせうか

富太郎は明治十二年六月、弘田正郎が高知に構えた五松学舎に入塾していた。そしてその頃、生涯にわたって交流を続けることとなる人物を知る。丹後舞鶴（現京都府舞鶴市）出身の永沼小一郎という人で、高知師範学校の教師として赴任してきた。文中の「永沼先生」とは、この人のことである。

永沼は化学・物理学など理科学を専門とし、富太郎が最も関心を持つ植物学については、西洋の関係書目にとりわけ詳しい。翻訳する程の力がある永沼は富太郎に文献的知識を指導し、渉猟・分析をおこなう富太郎は永沼に実学を教える。早朝から夜の十一時頃まで語り合うこともあったというから熱心さがわかろう。

富太郎は全体、植物学に関しては強い自負・自信があった。他人を高く評価することは少なかったが、この永沼だけは別で、大変尊敬していた。『**牧野富太郎自叙伝**』（以

下『自叙伝』）で「私の植物学の知識は永沼先生に負う」と認めている程である。手紙は、交流の続く永沼との関係が吉永にもあったことがわかるが、永沼はこの二年前に妻を亡くしていた（後述）。「心配」は多分その事情を含んでのものであろう。富太郎が永沼を知ってより四十四年。おそらく近況を知らぬわけではなかろう富太郎が、右の少年時代の記憶を思い出しつつ何と答えたであろうか。

二　谷　信篤

富太郎に届いた手紙には、故郷佐川の香りのするものが多い。左は明治三十六年（一九〇三）十一月十八日、静岡県富士郡芝富村（現富士宮市内）の四日市製紙芝川分工場にいた、谷信篤からの便りである。

其後は打絶而（うちたえて）御不音に打過候段、御含容（がんよう）下さるべく候
本年は久能興津地方へ御出張之由にて御手紙下され、御厚志のほど多謝し奉り候、
只々拝顔を得さりしを遺憾に存候、昨年、鈴川停車場の側にて、土佐郷友会相開
き、遠（カ）本君に邂逅（かいこう）し、大川渕時代の話も出て大に若返り申候

谷は三歳ほど年下のかつての学友。同十三年に高知・弘田正郎の五松学舎で学び、十四年から十七年にかけて佐川にできた、同盟会・公正社・佐川学術会のいずれにも加わっていた。少年期、共に富太郎と、政治に学問にと励んだ仲だった。

文中の「大川渕」とは五松学舎のあった地を指す。風光明媚の田子の浦にほど近い、鈴川停車場のそばで開かれた前年の土佐人の宴で、その往時の話が懐かしく語られた。富太郎のことも当然、話題に上っただろうが、彼は出席していない。ところが奇しくもこの年五月、富太郎は一週間ばかり同県の久能村（現静岡市内）を中心に滞在していた。久能山や近辺河畔、海浜にと、跳び回っていたのだ。そしてこのことを谷に報告し、会えなかった谷が残念がって返書したのである。

手紙は一転、植物の話になる。

今春、戯に土筆（つくし）の緑色粉末（花粉なるかスポールなるか）を鏡検致候処、慮外の現象を認め候、貴下は無論御存しの事と存候、御次手（ついで）の節御説明願上げ奉り候、小弟、昨年来牽牛花の盆栽相楽居候、随分興味これ有るものに御坐候おそらく佐川学術会での勉学を基としているのだろう。ツクシが胞子（spore）か否かに興味を持った彼が顕微鏡観察し、富太郎からより詳しく教えてもらいたいと思った。牽牛花（アサガオ）や他の植物にも関心を示し、和洋珍しいものの種子・苗など贈って欲しいとも記す。富太郎は著書で、万葉歌人山上憶良が詠った秋の七草の「朝貌之花」は桔梗のことで、牽牛花と書くアサガオは後年、中国から伝わったものだと記す。たぶん返書にも書きはしなかったか。

三　上村貞子（うえむらさだす）

明治十五年（一八八二）六月、西村躍を社長、富太郎を副社長に結成された佐川・公正社の社員で、上村貞子という人がいた。

上村家はもともと土佐藩筆頭家老佐川深尾氏の第二代から仕える重臣で、ずっと二百石ほどを知行する、いわば家老の家老だった。そんな系に貞子が生まれたのは、維新を目前にした慶応二年（一八六六）。富太郎より四歳下の彼が十六歳になったとき、佐川小学校内において公正社が組織された。

「天賦の自由」を掲げ、「学術を研究」「討論演説会を開く」（「公正社規約綱領」）とした同社は、警察より政治運動の疑いを指摘され、明治十六年八月からは主義を学術研究に絞る。それには富太郎らが対応するなかで、七十人前後に及ぶ社の会計管理が重要だった。温厚で誠実な上村は、翌十六年よりその会計司、また常議員として努力している。

社は十七年、「学術会」と名を変えて純粋な学問機関へと変わり、上村は続いて参加するが、この間、ずっと組織の中心にいたのが富太郎だった。富太郎は最先端をゆく東京の科学を佐川の若者につたえ、もって佐川の発展を図ろうとしたのだ。あらためて東京へ出た富太郎が佐川に帰ってからの二十五年十一月、化石採集の友に続いて上村を訪ねたとの記録がある。それだけ彼は大切な学友だった。

文筆に長じた上村はその後、坪内逍遥の推奨により上京して博文館へ入り、『**少年文学**』『**中学世界**』などの主筆を務めた。同社刊の同人編『**記事論説文範**』(同三十一年刊)など繙(ひもと)けば、その仕事の一端がわかる。しかし、在京中、富太郎との交流もあっただろう上村は、三十八年四月、病にかかって郷里へ帰る。富太郎は五月三十日、次の葉書を受け取ったのだ。

本会々員上村貞子君御儀、本月二十四日郷里に於て逝去致され候由、御通知これ有り候付、取敢えず御知らせ申上候也

東京佐川会幹事

四十二歳の壮年期にある富太郎からすれば、三十八歳の上村はまだ青年といってよい。死出の旅路を急がねばならなかった上村の早すぎる最期を知り、富太郎は多感に影響し合った佐川での青少年時代を、走馬灯のように思い浮かべたであろう。

四　五藤正形

東京の牧野家に遺されていた手紙類の中に次のような一枚がある。

拝啓、山内侯爵御帰県歓迎に付、貴下其募金委員に御当選成され候間、御承諾相成度(たく)候

明治三十四年四月十五日

総委員長五藤正形

牧野富太郎殿

「牧野富太郎」の部分だけ手書きで、あとは謄写印刷だ。大量に刷ったのだろう。封には「高岡郡佐川町牧野富太郎殿」「於育児会堂五藤正形」とあり、富太郎の生家である岸屋に届けられた本状が、たぶん東京へ転送されたとわかる。

「山内侯爵」とは土佐藩主だった山内の嗣子豊景、「五藤正形」はその家老の一人を務めた安芸五藤の嗣子である。故郷からの音信でも、すべて良い香がするとは限らない。侯爵が東京から高知へ帰ってくるので資金集めの委員をしろと、たった一枚の紙で迫るこれは、富太郎にとっていささか不快な臭気しか感じなかったようだ。

富太郎は東京に住み、大学に在職中として断ったが、五藤と前後して高知県高岡郡長を務める菅和からも同じような要請文が出ていた。これまた転送され、受け取った富太郎が「前述之次第、同君へ迄申述へ置候次第に付、左様御承知下され度候」（四月二十四日付）と返書したものがある。

東京帝国大学理科大学に勤める富太郎の名は、すでに各界に広く知れ渡っていた。五藤や菅らはその名声を利して集金に活かそうとしたのだろうが、肝心の富太郎は、名こそ知られても助手に過ぎぬ身分とあって苦しい生活だ。その彼我の落差がこのような結果となったのである。

似た要請は何かにつけてあったらしい。例えば明治三十八年一月五日、東京・芝公園の紅葉館において、海軍少将島村速雄の歓迎宴が開かれる。同郷のよしみをもって参加を求めるとした、子爵・陸軍中将谷干城（たてき）、海軍中将松永雄樹ら連名の要望書がある。日清、日露両戦争で勇名をはせた島村ながら、植物学に生きる富太郎とは異質の世界だ。はたして金二円の会に出席したか。いささか疑問だ。

五　田村敬作

佐川村の西に隣接する山分・尾川村（現佐川町内）の出身で、田村敬作という人がいた。明治三十六、七年当時、山梨県師範学校に勤めており、理科系を終えていたらしく、同県林業課からの質問にかかる手紙などいくつかが残る。

同三十六年九月の次も、生徒の望みで富士山へ登山、また駒ヶ岳へ登って採集した標本への命名など、富太郎の指導を請うたものだが、休暇中会えなくて残念ともある。富太郎にとって尾川村とは、佐川にいた頃の最も身近な植物学の「庭」といってよい所。まだ十五歳くらいだった同十年頃に、同地で採集したコケの写生図が残っていたりする。この時は会えなかったが、たぶん会うつどに尾川村の話も語りあっていただろう。

富士登山致す様に相成り、八月二十五日二十六日二十七日は之に費(ついや)し、二十八日甲府に帰省致し、即日出発、甲州之駒ケ岳に向ひ、二十九日登山致し、三十日に帰校致し申、其の為め東京に立寄る事出来申さず残念致し候、富士及駒ヶ岳之採集品、近日御手許に送附致しに申候間、御面倒なから御一覧下され、名称御教示に預り度(たく)、若し見るべきものこれ有り候はゞ、何卒御標本中に御加へ下され度候

富太郎は分類・命名に協力するかたわら、欲しい植物標本の提供を依頼するのが常だった。同郷であるうえ、山梨県という植物学に魅力ある地にいるだけに、ときどき送付してくれるよう要請していたらしい。手紙は続く。

先達而御請合申上候甲府愛宕山産之
エゾタチツボスミレ、之れと同時に御送り申上候
又、札幌より御命令に相成候
キンモーワラビ、エビガラシダ、早速同処に参上仕り候処、山之西側に沢山これ
有り候者は、無心之農夫之鎌に掛り、スポアーのある者一もこれ無く――

「スポアー」は胞子（spore）。田村が採取に行ったときには、標本にできるような状態ではなくなっていた。

六　織田千齢

少年富太郎のフィールドワークのひとつに、越知町の横倉山があった。神秘的な山の守りは織田氏が務め、その神官の家に育った人に織田千齢がいた。教員として理科教育に熱心な彼は富太郎の指導を受けており、左は明治三十七年七月二日のもの。

先般は植物標本御送付申上候処、早速御命名御通信相頂き、大に相楽み申候、

扨（さて）、今回も御面倒とは存候へ共、何卒御閑暇を以て御識名之上番号により御通信願上奉り候、此度の標品は主に桜属、菫菜、石南科等にて、種別相混し、判別に相苦み申候に付、類似の者は一切御送り申候間、定めて再出品たるへく存候

富太郎の懇切丁寧な教示ぶりがうかがえる。彼は「菫菜」をスミレでなく芹とすべきだと考えていたが、このとき織田が送った菫菜はどちらだっただろうか。

夏季休業目前に差迫り候に付、北境山脈へ採集に参り度相楽み申候、吉永君は先年伊予藤の石へ御出で成され候由、先生の御足跡之達せざる処は殆とこれ無き様存ぜられ候、越裏門（えりもん）・寺川・笹ケ峯・富士山（此方面之）等は採集面としての価値如何（いかが）に候哉（や）、何処（どこ）か普通採集されざりし地御教示相頂き申度（もうしたく）候、

文中の「吉永」は悦郷（後述）・虎馬兄弟のいずれか。かつて石鎚芸術村チロルの森で人気のあった地を含む、藤之石渓谷へ行っていたのだ。

富太郎も同十三年七月、十九歳の時、学友黒岩恒（ひさし）をともなって高知・愛媛両県に

またがる黒森を越えている。石鎚山への途だったが、黒森の高知側には越裏門・寺川が、愛媛側には藤之石の各深山があった。

富太郎は椿山から石鎚へ登る途中、クマザサの中から見なれぬ植物を見つけた。後にラン科のショウキランとわかったが、わずかに赤みを帯びた可憐なその花が、このとき咲いていたのだろう。たぶん、そんな話も知る織田が他の地の指導を請うたのだ。つづいて織田はクルミなど八種の学名教示を願う。織田の精励ぶりをうかがわせるもので、やがて彼は稀少植物ヨコグラツクバネの発見者として名をのこす。

七　吉永虎馬（とらま）（二）

日本苔類学の創始者ともいわれる吉永虎馬が生まれたのは、佐川村西谷という所の旧君深尾氏家臣の家。富太郎の生家とは数軒ほどしか離れておらず、家が医師とあって植物学を職とするようになった。

明治三十七年九月四日、そのころ安芸郡安芸町（現安芸市）の高知県立第三中学校にいた虎馬は、次のような葉書を寄せている。

斗賀野峠産緩慢なる睡眠をなす荳科植物は、愈Smishia japonicaに候ひし

残炎尚堪え難く候へども、御揃い遊ばされ、益御健全拝賀し奉り候、偖過日上京之節は時々参上仕り、御優遇を　恭ふし有り難く謝し奉り候

虎馬が夏休みに上京してときどき訪ねる中、郷里・斗賀野峠の産であるマメ科の植物が話題となった。すでに『植物学雑誌』への論文を相次いで発表している虎馬が、胸を張ってマキシモビッチ命名のスミシア・ジャポニカ（和名シバクサネム）だと説いていたのである。

このあと東京をたった虎馬は伊勢の知人を訪ね、名勝二見浦を見て八月二十七日に高知着。九月二日佐川へ帰った。

一昨夕漸く帰宅仕候、佐川より黄蓮の生木小包を以て御送り申置候、御落手成下され度候、○先日申上候通り

Observations on the Flora of JapanのFasciculus 1は、まだ頂戴致さず候間、何卒御送り下され度候

帰宅した虎馬はすぐにオウレンを送り、かわりに富太郎の代表的英文論文『**日本植物考察**』の分冊1を送るよう念押しした。いかにも同郷同学の仲らしく、互いに植物学にかかわる約束を交わしていたのだ。

信州御採収之景況は如何に候哉
憚り乍ら御令室様へよろしく御致声願い奉り候

この年八月の富太郎は、上旬・下旬の二度にわたって長野県へ採集旅行にでかけていた。下旬の方は九月までかかっており、虎馬はその間に訪問した。そして、生活苦を客に感づかせぬ寿衛の接遇に、心から感謝していたのだろう。

八　吉永悦郷

虎馬には、富太郎とほぼ同年齢の兄・吉永悦郷がいた。悦郷は富太郎同様、義校名教館で英語教育を受け、同盟会・公正社・佐川学術会でも有力メンバーとして名をつらねた。成長して教職に就いており、天寿を全うすれば虎馬以上の業績を残したかもしれぬ。しかし、惜しいことに同四十一年（一九〇八）四十六歳の若さで歿した。

早くから富太郎と植物採集を始めた彼は、シダへの関心が特に強く、アツイタ、トキワシダなど、富太郎によってYoshinagaeを学名の一部に付けられたものもある。

左は、岐阜県師範学校で教鞭をとっていた悦郷が、シダについて問い合わせた三十八年正月十四日の書状。


甚唐突、特に標本なしにて恐入候得共、要領を左に記し御尋申上候間、何卒御教示下され度願い奉り候、土佐にては路傍至る所に産し、当県等にては稀にある所のアスピヂアムに属する羊歯にして、土佐時代にヲシダA Filix m-asと自称し、小生一度目録の中に加へ、雑誌に出し候処、貴兄か其か末尾に、

まと曰く、予は未たをしだを土佐に於て見たる事なし、若し今後之を土佐に得は、必らす北方の山地ならむ

との意味にて御記載これ有り、能くクマワラビに似居り候得共、クマに比しては羽片の数少く、羽片の先端尖り、尚葉柄の基部に附着したる鱗片は幅広く、樺色を帯ひ、クマの如く黒色ならす、葉色はクマに比して緑色薄く、且つ表面より著

るしく葉緑を見るへく、葉先端のみに胞堆の附着したる部分、黄色に変するもの
如何なりや

Filix masは直訳すれば「男性の娘」。「シダ」のfilicumにかけ、オシダを意味していた。このオシダについて悦郷は、高知県の路傍至る所にあると雑誌で示した。それが富太郎の目に留まり、もし存在しても北部山地しか考えられないと付記してきた。悦郷が彼のクマワラビとの混同を疑い、そこであだこうだと観察した点を述べているのである。同郷同学のこの主張に、富太郎はまた反論しただろうか。

九　水野　龍

富太郎は明治十年代の一時期、自由民権運動に加わる。その結社・南山社が同十一年（一八七八）佐川にでき、富太郎もスペンサーなど愛読して自由だ平等だと叫ぶ。演説会や討論会がおこなわれる中に水野龍という血気の社員がおり、治安を害するとして拘引され、禁獄四十日となったことがある。富太郎より三歳年長の彼は義校名教館での英語教室でも優秀で、富太郎や谷信篤・吉永悦郷らより数段上だった。

諸職を歴任また慶応義塾で苦学するなど変転をきわめた彼が、日本史に大きな足跡を残したのが同四十一年の、ブラジル移民団送り込み。全国から募集した八百人近くを笠戸丸で運んだ。その後は事業に成功また失敗と盛衰を重ねたが、次の手紙は、引き続きブラジル移民事業をしていた頃の、大正七年（一九一八）とおぼしい。

暑気殊の外厳敷候
　愈御清康の段、欣然之至に存じ奉り候、先日は御高来の処不在中、失礼申上候、御宿は日を逐ふて御伸張之御容子、荊妻より伝承、御祝ひ申上候、時下柄、折角御自愛、益々御墳励祈る所に御坐候、右而已、早々御意を得奉り候也、恐々
　　七月廿八日

宛先である富太郎の住所が「本郷区森川町一橋下四六四」となっている。この頃の富太郎の借家は小石川区（現文京区）戸崎町三のはずだが、当時、本郷区（現文京区）森川町にある北沢写真館と交流があった。あるいは関係していたか。
何の用か、富太郎は京橋区（現中央区）三十間堀に住む水野を訪ねていた。しかし

水野がおらず、妻に自家の順風満帆ぶりを話していったらしい。同年なら、富太郎が神戸・池長孟（はじめ）の全面支援を受けだした後で、そこで「日を逐ふて御伸張」ととれる話し方をしたのだろう。

手紙は紋切型だ。それで十分通じあえる仲だったと思ってよい。幼馴染の交流は生涯続き、しかも大切な節目ごとに交換しあっている。同十三年に一家をあげてブラジルへ移り住んだ水野が、資金調達のため帰国して最後の渡伯をする時の、昭和二十五年（一九五〇）の通信も同じだ。これは後述したい。

十　吉永虎馬（とらま）（三）

故郷佐川を語りあい、植物を議論し、そして故郷の草木を求めるのに、吉永虎馬は富太郎にとって最も心を許し、最も頼れる学友だった。二人の手紙は、常に心の内を隠すことなく記しあい、思うところを遠慮なく述べている。

次は年次が書かれないものの、消印は「11・9・12」。宛先が神戸の「池長植物研究所牧野富太郎様」となっていることから、大正十一年（一九二二）九月とみてよい。当時、富太郎は同研究所に詰め、八月下旬の愛媛県西条方面での採集から同所に帰っていた。高知県立高等女学校に勤める虎馬が高知から送ったものだ。

> 佐川へ屢々（しばしば）帰申候、四方の山々杉檜生ひ茂りて、緑深く相成る事は快き一に御坐候、又、よしのざくらも大分大きく相成候はゝ、町も此頃存外活気つき候へ共、中央は衰へ、東町と樋ノ口辺が盛と相成り申候、私は佐川町を『烟管（きせる）町』と申し度候、両方は金属にして、中央が竹の意に御坐候

虎馬は緑多い佐川を心から愛していた。その佐川へ富太郎がソメイヨシノを贈ったのは、明治三十五年（一九〇二）。二十年を経過し、成長した桜が通路に咲く奥ノ土居は、近隣有数の名所となり始めていた。

それでも土佐藩筆頭家老深尾氏一万石の家臣団が住んでいた江戸時代に比べれば、その奥ノ土居につらなる東町と、レール敷設が進む鉄道駅舎予定地近くの樋ノ口こそ、多少殷賑となっても、中間はキセルのパイプのように淋しい。

賑やかさを取り返せぬ佐川町の現状を揶揄する虎馬の手紙の裏から、生地を思う彼の深い愛情が感じられる。富太郎は、山桜におおわれていた昔の佐川を懐かしむかた

わら、今はソメイヨシノに染まる故郷の山々を想像して、丁寧に目を通しただろう。年次不明ながら、ソメイヨシノが満開の四月五日、佐川に入った虎馬から富太郎へ送った便りがある。富太郎が寄贈した奥ノ土居の桜の華やかさをつたえたもので、絵葉書になったその美しさに、どれだけ富太郎が満足したことか。

十一　竹村源兵衛

大成してからの富太郎は、沈滞する佐川をいつも心配していた。

富太郎の生家からすぐ近くだが、二十三歳も年下だから初めは意識もしなかったろう、薬種問屋に竹村源兵衛という男子がいた。札幌農学校在学中にギルバート・ホワイトの名著The Natural History of Selborneを知り、退学して郷里で翻訳に生涯をささげた。訳書『**セルボーンの博物誌**』を出した西谷退三といった方が、わかりやすいかもしれぬ。

その源兵衛が昭和二十四、五年頃、翻訳のかたわらで佐川郷土研究会なる機関にかかわっていた。会は「吾が村」と題するガリ刷り小冊子の発行が主な事業だったようで、主宰者は浜口守三、編輯者は川田信敏だった。富太郎はこの発行の遅れを叱責したらしい。

昨四月十日御激励の御ハガキ拝誦、雑誌「吾が村」のためには非常に光栄と存じました。

お言葉の通り雑誌発行がおくれにおくれ、申訳がございません。しかし四月一パイには出来上る段取りになって居ります。出来上り次第差出しますからお待ち願ひます。

四月十一日付のこの手紙は、昨年十二月全ての原稿を謄写に出し、それでも完成せぬのは謄写人のためだと記している。善意の謄写という訳もあったようだが、それとは知らぬ富太郎の文中の「御ハガキ」とは、「吾が村」第三号（昭和二十四年八月）に紹介された二十四年四月五日のものか。

その葉書は、発行の遅延を春になりながら冬眠から覚めぬオタマジャクシと皮肉り、乗じて佐川文化の遅れまで風刺する。

佐川山分、日がさす遅い
　村の文化も後れがち
高知に亜ぐてう学問村も
　今は昔の夢となる

「佐川山分学者あり」と詠われた文教の町佐川が、今や夢の如く消えてしまった。富太郎はそう、嘆いていたのだ。

ホワイトのように温容となっていた源兵衛は指摘にめげず、佐川桜の開花遅れを追記した後、富太郎の厚い養生を願っている。

第二章　天性の開花

一　田中芳男

佐川町立青山文庫に、文部省の編纂した博物掛図がある。小野職愨（もとよし）の植物図、田中芳男の軟体動物図などだ。富太郎は明治七年（一八七四）、学制発布で開校した名教小学校に入学している。そこに同様の植物図四枚があり、こればかり見て喜んでいた。

東京へのあこがれを抱いた富太郎は十九歳となった同十四年、初めて上京して山下町（現中央区内）の博物局を訪ねる。国の物産・博物行政を進める田中芳男に会い、また小野職愨に植物園を見せてもらった。

再上京してからの富太郎は引き続いて芳男と交流し、やがて植物学においては芳男が富太郎に教えを請う場面さえでてくる。次もそのひとつで、既に退官している芳男が日本農林水産界の長老となっている頃の、同三十七年六月三日の手紙だ。

拝呈仕候、陳者（のぶれば）過日は植物園之御案内相受け、御尋ね多々用弁、大慶之至り候、併し乍ら折悪敷雨天に相成閉口、殊に御迷惑相懸、恐縮之至り候、其節戴き候タウカヘデは、皆、別封一葉之方に而、三ツ出方楓之如し、然に尚仲之一封如きもの□に三にこれ有り、右は嫩木と老木之差歟、若は変種歟、御考之義御示し相成度候

小石川植物園を訪れた芳男を案内したのだろう。そしてそこで、種々、形の異なるトウカエデを渡していた。能吏でもあった芳男の文字は極端に崩され、かつ文意も簡略化されることが多い。文中の□は読めず、「一葉」はヒトツバか一封の意か。トウカエデには富太郎が変種としたヒトツバトウカエデがある。それとは無関係か。「嫩」は若いの意で、芳男は私論として若木と老木の差か、もしくは変種ゆえかと問うている。

ちなみに戦後、植物書の出版校正でタウをトウと直すところがあり、キク科のタウコキ（タウコギ）まで誤ってトウコキとしてしまった。富太郎がこれを指摘し、関係者があわてて再修正したという手紙がある。右のトウカエデは「唐カエデ」だから、「トウ」でよいわけだ。

二　大久保三郎

明治十七年(一八八四)、東京大学理学部植物学教室は矢田部良吉教授が率いていた。出入りを許された富太郎の天性の才が、そこで一気に開花する。豊富な専門書・標本などを自由に活用でき、学力が一段とアップするのである。

教室には、松村任三(じんぞう)・大久保三郎というふたりの助教授がいた。「青長屋」と俗称される植物学教室には三人の先生がいた。富太郎は皆から歓迎されたが、内、大久保は幕末、将軍家の大政奉還を主張した幕臣大久保一翁の子だった。父に似て、角張った面長の人だ。

大久保は、富太郎らの発案で始まった『**植物学雑誌**』第一号に二つの論文を寄稿している。ヤマトグサの学名発表も富太郎とふたりでおこなったし、富太郎とは気心が合っていた。その大久保が同大辞職後の同三十八年二月十四日に出した葉書がある。

矢田部博士の日本植物図解第一巻は、明治廿四年八月十八日印刷及び出版とこれ有り候、同氏の緒言は仝年三月廿日とこれ有り候、早速御返事仕るべき之処、小生方にこれ有る略(ママ)分見当らず、本日学校へ参り取調候間、大延引に相成、恐縮

之至りに御坐候

「矢田部博士」は矢田部良吉。二十四年三月、突然に大学を非職となっていた。文中の『**日本植物図解**』は、矢田部が非職後の二十四年八月から二十六年十月まで出した和英両文の学術書で、後は続いていない。富太郎がこの本、特にその緒言に関心を寄せたのはなぜだろう。

富太郎は二十三年三月の『**日本植物志図篇**』第六集刊行後、矢田部から、それまで許してきた教室への出入りを禁止されている。師弟関係の意識と配慮にやや欠けていた行動の故もあろう、富太郎はその日からしばらく教室を利用できなかった。

その忘れることのできぬ矢田部が翌春に非職となり、にもかかわらず同年に学術誌を出した。微妙な時期だっただけに、緒言にあるいは非職事情を窺わせる文が書かれているのではないか、そう思ったからではあるまいか。

三　三好学

明治三十年代、東京帝大に三好学という植物学の教授がいた。牧野植物園で初めて彼の手紙を見たとき、教授なのに一介の講師に対してこんな文を書くのかと驚いた。しかし考えてみれば、富太郎が植物学教室へ出入りしだした頃、三好はまだ学生だった。年齢も富太郎とほとんど変わらず、教授になっても、知識の豊富な講師・富太郎に教えを請うことが、いくらでもあったのだ。

富太郎に言わせると、「もちもちした人づきの悪い男」ながら気が好く、富太郎とは何かとウマが合う。研究意欲も高くて『**植物学雑誌**』を創刊したときには一文を投稿したし、富太郎と大久保三郎のヤマトグサ学名発表に続き、三好もコウシンソウの学名を発表している。ふたりの共同研究を物語る、ミヨシア・サクライイ・マキノの学名例が残るのも、こうしたことを証明していよう。

三十八年（一九〇五）正月四日の次の手紙は、礼をつくしながらも気軽に頼める、富太郎を信頼する三好の学究生活がでたものである。

先日は早速御返事忝（かたじけなく）謝し奉り候、扨左（さて）の件、御何卒御面倒乍（なが）ら御一報を煩わし候

一、小笠原島のタコノキの学名

一、沖縄のカタバミ（田畑に雑草となれるもの、支那より渡来のもの）はムラサキカタバミ（学名？）なるや如何
一、台湾　ヒルギの学名
一、シナカハハギは葉又は花に香気ありや（クルマバサウの如き香）
一、オランダガラシは四国、北海道又は諸他の地方の川に半野生の状態となり居り候や、如何
該植物の渡来の年代、大約分り居り候や

小笠原島、沖縄、台湾の植物、またヨーロッパからの帰化植物オランダガラシなどについて問い合わせている。実は三好はこの年から、樺太から台湾まで各地にわたる植物写真集『**日本植物景観**』の刊行を始めていた。数日前には琉球に産するアダン、イソフタギ、ホソバワダンなど八植物の学名教示を求めた手紙もあって、いずれもその作業の一環だったと考えられる。

四　白井光太郎

三好と同じ植物学教室生に、白井光太郎がいた。蘚苔類に興味をもち、『**植物学雑誌**』の創刊号に「苔蘚発生実撿記」を発表した。菌の研究で有名になるが、富太郎によれば、同誌の存続に危機感をもつほど熱心に協力してくれたようだ。

東京帝大農科大学にいた頃の明治三十七年（一九〇四）正月二十一日の手紙は、同三十一年刊の同誌に少しかかわる。

椰子酒原液の事は植物学雑誌百三十三号一〇四丁段末行の所に、花梗より出つる事を明記これ有り候は如何、又、毛莨は本草図譜毛莨の条にもうごんと添仮名あり、古来読来りの音と相見るは如何、右、御同意に候はゞ牧瀬氏方へ御訂正の義、御申通し下され度候

三十一年二月、オーストリア＝ハンガリー国プラーグのドイツ大学教授モーリシが来国し、理科大学の三好を訪ねた。その祝宴で日本酒の風味と椰子酒の原液を語ったことが、同誌百三十三号雑報欄に紹介されたが、光太郎は「原液の花梗より流出する」

との記述に疑問をはさんだ。

「花梗」は花をつける柄。原液は花軸が鞘をかぶった状態で出てきたときに取るというから、鞘が開き花が出てからでは遅くなる。「花梗」の表現では誤解を招くと恐れたのではないか。富太郎がどう答えたかはわからない。

ちなみに富太郎は著書で、「椰子」は椰樹の実の意であるから、「ヤシの実」という椰樹の実の実となって本当はおかしいと記す。まさか光太郎の「椰子」に文句はいわなかったろうが——。

光太郎は、中国で発達した本草学研究の大家となっている。植物の漢名に関する知識は高く、富太郎はしばしば彼の論著を参考にし引用している。毛莨の読みの指摘に、何の異存もなかったろう。『**牧野日本植物図鑑**』によると、日本で古来、毛莨をあてきたウマノアシガタは実は毛莨でなく、酷似する同じキンポウゲ科のキツネノボタンが本当らしい。

昭和七年（一九三二）に亡くなる光太郎は、富太郎にとって生涯の友だった。世に知られるシーボルト画像は富太郎が光太郎へ贈ったもので、交流の深さを物語る。

五　沢田駒次郎

『植物学雑誌』創刊号に名をつらねた七人の中に、沢田駒次郎という人がいた。富太郎の自叙伝に名は出ぬが、彼より十八歳も年長だ。師でもなかったから、私的なつきあいが浅かっただけだろう。

加賀藩の下級武士の家に生まれた沢田は、英人オズボーンの教える、七尾軍艦所併設の語学所で学んだ。大蔵省紙幣寮をへて東大小石川植物園へ入り、薬用植物を研究する。第一高等学校の助教授となるが退職し、明治三十四年（一九〇一）台湾総督府から求められて渡台した。台北の専売局官舎から東京帝大植物園の富太郎へ出した、五月二日の手紙がある。

折々御伺申上ぐべく候処、日々多忙に取紛（とりまぎれ）御無礼打過（うちすぎ）候段、御海容（かいよう）下され度候、御地は追々暑気に相向申すべくと察し奉り候、憚（はばか）りながら教室諸君へ宜敷御鳳（よろしくごほう）声（せい）願上げ奉り候、当地昨今暑気甚（はなはだしく）敷、困却罷在（まかりあり）候、種子四粒御送附申上候、之れは台中蕃界林圯埔之奥より持帰り候を貰受候、新鮮なるものに付、御下種に相成候はゝ、或は発生致し申すべくと存じ奉り候、苹は葛に類し候様承り申候竹林で知られる台中の林圯埔で採取された植物の新鮮な種が送られている。何の種だったろう。

末文の「苹」と解したクセのあるくずし。正しければ、読みはうきくさかよもぎか。「葛に類し」と続くからには、母体から分枝した幼体が、また分枝しては繁殖する、富太郎学名命名のヒンジモ（ウキクサ科）のことか。これなら世界各地に生育するらしい。手紙は消印・年次がないが、追伸でおよその見当がつく。

日露戦争も海軍は連戦連勝、実に大幸に御坐候、当地に而は、日々陸軍之捷報を相待を一日千秋之思ひに候

三十七年二月に始まった同戦争は、翌年九月に終わった。まだ旅順総攻撃の始まらぬ、三十七年とみてよくはないか。沢田の気持が昂揚した同戦争を、「飯よりも女よりも好きなものは植物」（『**自叙伝**』）という富太郎が、どう反応しただろう。

六　マキシモビッチ

維新後の日本の植物学は、江戸時代の本草学から近代西洋植物学への発展途上にあった。

その最先端をゆく東大理学部植物学教室への出入りを許された富太郎は、明治二十年（一八八七）二月、進んで世界に通用する学会誌『**植物学雑誌**』を創刊した。そればかりでなく、学名付けを西洋の学者に依頼する日本の現況を知り、初めて未知の新種ヤマトグサに学名を付けて発表した。日本の植物学は、このときから西洋に伍した研究が可能となったのである。

富太郎の植物学は、あらゆる角度、また内外のすべてを観察した、完璧な写生図や解剖図を描くことによって達成される。それに全力を注いで生まれたのが、翌二十一年十一月に出した『**日本植物志図篇**』第一巻第一集だった。

富太郎が同書を各方面へ送る中に、日本の植物に学名を付け、日本の研究者を指導してきた、ロシアのマキシモビッチがいた。次はマキシモビッチからの同二十三年の礼状だ。富太郎はこのとき、葉のない白花を咲かす小さなヒナノシャクジョウ、また横倉山で採った新発見のコオロギランの標本と分析図などを送っており、マキシモビッチはまず彼の分析図を高く評価する。

あなたの分析は素晴らしい。私も花のつぼみのひとつを解剖しましたが、すべてあなたの図描されたとおりでした。柱頭の下にある、特徴的な指のような付属物からスティグマトダクティルス・シコキアヌス（コオロギラン）と命名しました。

そして本への礼を追伸する。

たいへん素晴らしい日本植物図集を受け取りました。新しい集をお送りいただき感謝します。2冊お送りいただいたので、1冊は植物園の図書館に寄贈しました。

（『**牧野富太郎とマキシモヴィッチ**』訳文）

一冊を勤務するロシア帝室植物園の図書館に納め、特にマキシモビッチの編著であろう北チベットとモンゴルの植物誌を、返礼として東大学長を通じて富太郎個人へ送っている。

マキシモビッチは、この後窮地に落ちた富太郎が最初に救いを求めた学者だったが、惜しくも急逝した。

七　賛化園

牧野植物園の書状中に、発信者を「賛化園主人」、宛先を「繇条書屋大人」とする一通がある。「繇条書屋」とは富太郎の書斎号。短い文ながら極めて専門的で、明治二十八年（一八九五）消印、六月十三日付の葉書はまず記す。

池上本門寺御採集の土馬騣、有り難く謝し奉り候

「土馬騣」は蘚類。富太郎は、現大田区池上本門寺で採集した。受け取った賛化園主人は翌朝すぐ研究にとりかかり、フランスの植物学者ウィルヘルム・シンパーの著書Synopsis muscorum europaeorum（ヨーロッパの蘚概要）の第一巻で見つけた。手紙は、学名をPottia lanceolata, Schimp.var.δ.gymnostoma, Schimperとし、ミッテンが日本からの蘚苔記録として紹介する、Pottia lanceolata, C.Muell.var.と同一と記

す。今はナガバセンボンゴケの和名がある蘚である。
専門的な記述はより専門的になる。

Pottia lanceolataの図は、Bryol.eur.vol.II, Tab.127 var.γ.全書にこれ有り候由、TypeもβもΥも皆壺歯（Peristome）を有するもの丶如し、只var.δ.gymnostomaは左の通りに候

“Peristomio maxime imperfecto vel nullo”故に小生はこれと断定するを躊躇せざる可しといふわけなり、余は此品を日本、否、東京近傍に産するを知るを大ひに悦ひ、御礼かた〳〵此くの如くに御座候

標本の図はヨーロッパ蘚苔類学の全書にあるらしい。が、この贈られた胞子嚢の歯毛（鋸歯）は不完全または無いとわかった。だから上記の蘚と同一と断定したというのである。

「賛化園主人」とはだれか。東京近辺で富太郎のまわりにおり、蘚苔類に詳しい研

究家に絞りこんで判明した。

クセのある「候」の書き方から、この年まで帝大理科大学助教授だった大久保三郎だ。小松みち氏によると、大久保はこの年の『**植物学雑誌**』に日本の土馬駿を執筆している。ちなみに、同年の同誌百一号に植物名称にかかる「賛化園主人」の雑録1稿がある。


（ラテン語は鴻上泰・田中信幸両氏の御協力を得た）

八　池野成一郎

富太郎の天性の才を開花させた最高の友人が、東京帝大農科大学教授を務めた池野成一郎だった。池野が植物学教室の学生だった頃から心を許しあい、富太郎が、教室への出入りを禁止された時、あるいは大学を休職になった時、最も心配し、奔走してくれたのがこの人だった。

甘いものがすこぶる好きで、和菓子の十や二十はわけなくパクつく。加えて早食いのため、牛肉の好きな富太郎も、牛鍋をつつくときばかりは油断できなかったそうだ。

公私ともに山あり谷ありの富太郎だったが、次の二通はその濃密な交流が続いていたときのもの。まずは黒褐色に変色したコケの標本入り二袋が付く、名刺に書かれた文。

拝啓、毎度恐縮乍ら、封入のHepaticaeは□□lliaかと存候共、何卒学名御教示下され度、右懇願仕候也

卅六年三月卅日

「Hepaticae」は苔類。牧野植物園にいた田中伸幸氏によれば、ヒメジャゴケと判断したのではないかとのことである。

二通目は年次が書かれず、消印も不明だが、冒頭の「植物学講義第二」から、大正二年（一九一三）ととってよい。

植物学講義第二御寄贈下され、謝し奉り候、御指名の人々へも其れ〳〵配布仕るべく候（尤も三宅・草野両君は旅行中、白井氏は教室へは滅多に見えず）、御笑ひ草所ではこれ無く、我々に取て為になる書故、追々拝読仕、益を得べく考居候

文中の人物は植物学者の三宅驥一（きいち）、草野俊介、白井光太郎であろう。

同理科大学は、以前と違って富太郎に敵意さえ持つようになった、松村任三教授の率いる頃でありながら、富太郎は同大助手を追われて二年後の同元年、改めて講師に任用されていた。圧力を受ける中、その苦境をバネに換えたのが、この『**植物学講義**』シリーズだったといってよい。

富太郎著、大日本博物学会刊とする同書は全七冊より成り、内六冊を同年に刊行している。副題「植物記載学（後篇）」とするこの第二を、池野は心から「益を得べく」受け取ったのではあるまいか。

九　本多静六

生活苦と闘うなかで刊行した『**新撰日本植物図説**』『**大日本植物志**』らは、植物学者牧野富太郎の名声を一気に確立させた。分類・解剖・理論のいずれをとっても比類ない正確さで、たちまちの内に関係学者・研究者間の信頼を得る。

左は明治三十四年正月十九日、東京帝大農科大学の教授をしていた本多静六が、駒場の同大学内から出した手紙である。

其後は如何(いかが)や、寒気強く相成候も御障(さわり)もこれ無く候や、御伺申上候、例之如く御繰合せ、水・土両日を降りの時の同し御都合よき日に、御来車下され候様願上げ奉り候

二白、例の道材各論印刷に着手致し、急々北海道ぶな（Fagus sylvatica L. var. asiatica A DC）と、内地のぶなとの異点及ひ
　こばのあらかしの羅甸名(ラテン)
承知致(いたしたく)度必要相生候に就ては、甚た御手数恐入候へ共、御取調済に相成候へば、何卒(なにとぞ)御一報下され候様願上げ奉り候

既に林学博士の学位をもつ本多ながら、富太郎とはごく親しい学友関係だったとわかる。富太郎はこの年、同大学をよく訪問している。

前後の事情はわからないが、本多はこのとき北海道の木材についての論文を纏めていたようだ。その北海道のブナが本州のブナとどう違うのか、用途の多いアラカシのラテン名と共に教示を請うている。

ドイツの大学で林学を学んだ本多は、大規模な公園設計また森林保全の第一人者となっており、このころ水資源の保護育成を東京市に進言したり、日比谷公園の造営委員を務めたりしていた。ブナとアラカシの問い合わせも、彼の実学と深くかかわっていたのだろう。花開いた富太郎の天性が、本多の論文にも貢献していたのだ。

ふたりの青少年期をみていると、互いの富裕と貧苦期がダブってみえる。尤も、似ているようでもあるが、似ていないと言えば似ていないとも言えそうだ。談笑するなかで、そんな矛盾めいた話は出なかったか。

十　土居磯之助

天性の才が開花した富太郎には同学仲間が各地にいた。故国高知県は青年時代にくまなく踏査しているとあって、その頃からの研究知己がいる。高岡郡波介(はげ)村（現土佐市内）出間(いずま)の出である土居磯之助もそうだった。

元牧野植物園司書小松みち氏提供の史料によると、磯之助は明治二十二年（一八八九）七月二十八日から十七日間、富太郎らと高岡・幡多両郡への採集旅行に出かけている。富太郎との交流の深さがわかる。その磯之助が同三十四年六月、高知第一中学校の博物科教員を務めていた。

東京帝大理科大学の助手となっている富太郎に宛てた、九日付の書状がある。富太郎から標本の要請があったサボテン、コイヌタガラシ、クモランへの対応を記した後、地方中学校の博物科教員を務める者の思いを述べる。

> 今夏は相州三崎之動物実習会へ出かけ申度、学校へ請求いたしおき候へども、金の都合にて如何かと存候、然れども何処かへは行き得る事と存候、腊葉之事は精々製し申すべく候、かねての御教示之通り、相共に斯業之仕事盛に致度候、貴兄も精々勉強致され度候

富太郎と違って中学校教員である磯之助は、動植物両学を学ばねばならぬ。そのせいか、富太郎への競争意識がやや感じられるようだ。

> 土佐に在りては、如何なる面白き新本出しか早く知りがたし、貴兄もし目にふれ耳に入らば、乞ふ、一報を吝むなかれ

「吝」は「けちる」が含意される。この文字をあてた彼の心底を勘ぐるのは深読みしすぎか。

同校には彼と、着任したばかりの農学士一人を合わせた二人の博物科教員がいた。学生一般に対する感想をこう述べる。

　土佐の学生の理想、卑近にして博物思想に乏しく、真面目ならざるは教育者の注意すべき事と存候

富太郎は第一章一の通り、同二十一年、佐川理学会を作って吉永虎馬らを育てた。その虎馬はこの頃、高知県立第三中学校の教員をしており、博物教育への取り組みを説く磯之助の意見には、富太郎も大きくうなずいただろう。

余談だが、磯之助の養子は民権家坂本直寛の男子である。

十一　西野猪久馬（にしのいくま）

「吝財者（りんざいしゃ）は植学者たるを得ず」。

「赭鞭一撻（しゃべんいったつ）」でこう説く富太郎は、研究のための諸器具・諸材においても惜しみなく金を使った。

そして植物学は文だけでは尽くせず、「能く其微妙精好の処を悉（つく）す故に、画図の此学に必要や尤大」と考える富太郎にとって、植物描画のための諸道具・画材の選択は特に大切だった。

明治二十八年創刊の『**少年世界**』などで、見事な博物図を披歴している西野猪久馬は、三十三年から二年間ほど小石川植物園に勤務した。植物描画を業としたことから、元牧野植物園司書小松みち氏は、退職後も富太郎と仕事上の交流が続いたとみている。

富太郎と三好学の共著『**日本高山植物図譜**』は三十九年に出るが、あるいはこの仕事にかかわるか西野の葉書があって、「後三枚御取調置下され度」（三十七年十二月）などと述べている。十日ほど後の、富太郎からの謝礼に恐縮した書状があるのも一連だろう。

その西野が、三十六年十二月、麻生区（現港区内）竹谷町の自宅から次のような葉書を出している。

御問合せしワットマンは、たしか一枚に付き卅八銭と存居候へ共、ワットマンには種々御坐候間、能々に御詮議之上御求め成され度、普通は卅八銭内外と存候

ワットマンは一七六〇年、イギリスのジェームス＝ワットマンがケント州メードストーンで創始した画材紙。麻布を原料とする純白厚手の手漉き紙で、水彩画に適しているとされた。このころ世界に広まり、日本でも夏目漱石の小説「吾輩は猫である」に登場するほどだった。

植物だけでなく、鷹・鶏・蛙などの小動物から、トンボ・キリギリスなどの昆虫博物画まで、華麗かつ忠実に描く西野に、富太郎はこのワットマンをよく知る人として金額の如何程かを問うていたのである。

対して西野は一枚につき三十八銭と答えた。当時の東京帝大理科大学に助手として勤める富太郎の給料は、二十円程と考えられる。すると一ヵ月分すべてをはたいても五十二枚しか買えぬ。それでも才が開花した富太郎は、惜しげもなく支出したと思う。

十二　長野菊次郎

学会が驚く成果を次々とあげる富太郎は、土居磯之助のような学校現場で働く、全国の教員に迎え入れられていった。明治三十七年二月二十二日付で富太郎に宛てた、本所（現墨田区）柳原一丁目に住む長野菊次郎の葉書がある。

先日は参上、大に御妨け仕候、扨（さて）、頃日（けいじつ）助手をして弊校器具標本の整理致させ候処、今月末にて略相済み（候）事に相成候ふか、今、整理済み次第一応検閲を受くる事に相成申候、随（したがい）て甚貴下の御繁忙も十分推考仕り候へども、何卒（なにとぞ）三月五日頃までには例の標本御整理の上、御送附下され度希上（ねがいあげ）候

福岡県立福岡中学校を卒業した長野は、同県など経て、三十六年より東京府第三中学校の教壇に立っていた。彼の住む本所と、富太郎が住む小石川の指ケ谷とはそう遠くなく、長野は学校の植物標本をきちんと整理充実すべく、富太郎の家もしくは小石川植物園を訪問して、直接その要請をしていたのだろう。

富太郎が同二十一年、高知の学校で教える友人に答えたものがある（後述）。帝大

理科大学の標本ケース（乾園）の形と、標本に貼付するラベルについてだが、その微に入り細を穿つこと甚だしい。

標本を最も大切にする富太郎は、採集した植物をその日のうちに整理し、観察・分析に最も適する姿で台紙にとめる。そして貼付するラベルには和名・採集地・採集日・採集者が書き込まれ、判明した学名は必ず併記した。

この年長野は、名和昆虫研究所より『**日本昆虫図説**』を出し、翌三十八年にも『**日本鱗翅類汎論**』を出版する。彼にとって学問的にきちっと分類、貼付する富太郎の取り組みこそ、最高のモデルだったであろう。同年、長野が鱗翅類の和名命名について触れたのも、これと無縁ではないかもしれない。

そして富太郎は、胴乱・鍬・根掘り・活かし箱など、みずから工夫した採集道具が少なくない。標本とする植物を損傷せず、楽に、上手に採集し、できるだけ植物を長く生かしておくなど、常に最高の方法を考える人だった。あるいはこの「弊校器具標本の整理」にも反映されたのではなかったか。

十三　池長　孟（はじめ）

富太郎の研究を心の面で支えたのが池野成一郎なら、経済面で貢献したのが池長孟だった。

東京帝大理科大学助手の身分にとどまる富太郎の生活は苦しく、休職期を経て、講師に採用されてからも家の借金は膨らむ一方だった。絶体絶命の彼が、標本三十万点を外国へ売ろうとする危機となった大正五年（一九一六）、ポンと三万円投げ出したのが池長青年だった。

京都帝大法学部の学生だった池長の家は神戸有数の資産家で、彼は南蛮美術の収集家としても知られる。その彼が金を出しただけでなく、標本を送る富太郎のために神戸の建物をあけ、同七年十一月に池長植物研究所として開館した。富太郎の自叙伝によれば、池長はさらに月々の支援をおこない、引き換えに富太郎が毎月研究所へ行って面倒をみる約束だった。

十一月三日付の池長の書状が残る。

上京中は失礼仕候、其後先生は毎日標本整理に御多忙にて、何かと御無理を願居

候、
本日、丸善の方へ、直接にセンチュリー辞典代残金全部、金三拾五円也、送付致置候、
二科会は、京都開会第一回の天長節の日に見物、工場の烟（けむり）は価格通、金参拾五円也にて買約致候

消印年は「八」。宛先が「小石川区戸崎町三」だから、そこへ住所を移した翌年の同八年となる。

当時、池長は志願して姫路の連隊に入営していた。その間に上京したことを示す状で、恐らく、丸善書店刊のセンチュリー辞典を欲した富太郎のため、残金すべてを送ったのだろう。二科会の作品買い取りも富太郎のためか。

富太郎は、ことほど池長の好意を好しとしていた。しかし、先の月一回の池長植物研究所訪問は、以後の行動をみるに、きちんと守られてはいないようだ。要因に彼の私行と、その彼を見る池長の母の厳しい目があったのは確かだろう。植物の精を自認する富太郎の、束縛を嫌って抑制の効きにくい行動が、ここでも出ていたことになる。

十四　華族

花は何故あんなに綺麗なのでしょう。何故あんなに快く匂っているのでしょう。富太郎がこう説く植物の世界は、ときに俗界を離れ、ときに貴族趣味的な世界ともなる。富太郎に来た書状をみていると、元尾張藩主徳川氏（侯爵）、同仙台藩主伊達氏（伯爵）、同豊後森藩主久留島氏（子爵）等々とある。

次は、十月十四日付（年次は不明）・子爵加藤泰秋の状。幕末には伊予大洲藩主として時代の先頭を行った人だったが、そんなことは微塵も感じられない。

1植木屋に而（て）はゲンノショウコと申居候へ共、果して左様なるか、且白花は山野に多く見受候得共、紅花は珍ら敷（しき）かと存候、如何（いかが）

2仝上ヒメガンピと申候へ共、是又如何、花は淡紅に而（花びらの絵）―大さ此の如し

3若（もし）や昨年北海道より持帰り候物之中にこれ有り候哉、相忘れ候へ共、名は未た見申さず候

4元は近辺野生に深山これ有る雑子と存候へ共、何と申者か、花は淡紅

屋敷へ出入りの植木職人に聞いたものの、十分に得心できなかったのだろう。可憐な花の小枝を同封しており、今でも紅色が綺麗にのこる。

もうひとつ、東京帝大近くの本郷区（現文京区内）龍岡町の松平氏といえば、元津山藩主の直系である子爵松平康民か。その家の小泉拾なる人が出した、明治三十八年（一九〇五）六月七日の一通もある。

　其後之御経過如何哉（や）、御摂養専一に存じ奉り候、陳者（のぶれば）来十一日当邸に於て山艸小集相催候間、御加減御宜敷（よろしく）御坐候はゝ、御遊旁（かたがた）御来車下され度（たし）

小泉は、主の申しつけで案内したと付記している。書中の「山艸」は初め「山竹」ととり、土佐で食用に供するイタドリ、あるいは果物の女王マンゴスチンかと思ったが、知人に言われて気付いた。「艸」のくずしが「竹」に似ていたための読み違いで、これは「山草」としてこそ松平ら華族の趣味に合う。集会は、高山植物の鑑賞会ではなかったか。

十五　三品福三郎

富太郎の名が海外に知られるひとつには、植物画の素晴らしさがある。正確な分析と息をのむ美しさだ。彼は、生物学者として精緻な解剖図・部分図まで心掛けるかたわら、植物画家として生ける植物の美しさを徹底的に描き出した。

研究人生を賭けたといってよい、**『新撰日本植物図説』『大日本植物志』**はこうして生まれた。ただその陰に、優れた銅版彫刻家の存在があったことを忘れてはならぬ。

重用した代表が三品福三郎。諸図の片隅に「F.Mishina.sculp」とある。その三品が富太郎に宛てた二通を紹介する。まずは明治三十年代半ばとおぼしき二月八日付。

今晩推参の御約束には候得共、何分勉強致居候処、未だ少々出来兼候に付、何卒明後日曜の夕刻迄には相違無く参上仕るべく候に付、御猶予下され度、平に御聞済の程願上げ奉り候

頼まれていた彫版図が三品の思い通りに仕上がらなかったのだろう、猶予を求めている。職人魂が窺える。

次は同三十七年（一九〇四）正月二十八日、富太郎からの便に急ぎ返答したものだ。

原図御出来に相成候由、明晩御尊宅へ御伺ひ申すべく候に付、何卒左様御承引（しょういん）下され度、当今何分公務繁激にて、大いに閉口仕居候、然（しかる）に先生のは特別故、大勉強仕るべく、明晩参上、委細御伺ひ申すべく候

富太郎は上京して間もない同十九年、納得のいく植物本を作るため、石版屋へ通って印刷技術を習得していた。そのため版画ゲラには線の太さや茎・葉の陰影など、こと細かく修正の手を加えた。印刷屋泣かせといわれる程の徹底ぶりが、逆に三品を意気に感じさせ、「先生のは特別」と答えさせていたのである。

三品はこの手紙を認めた翌三十八年（光緒三十一年）、清国に招かれて日本を離れているようだ。光緒三十二年から始まる銀行紙幣発行のためで、彼の銅版彫刻技術によって同国のそれも高水準となったらしい。

想像だが、三品は室町時代以来の刀工鍛冶師である三品一派の子孫ではないか。

第三章　桜花爛漫

一　井上虎馬

　第一章一に登場した吉永虎馬は、明治二十五年から三十四年までの九年間、井上家の養子だった。その井上が高知県師範学校を卒業して、佐川尋常小学校に在職していた二十七年のときの、二月一日付書状がある。
　帝大理科大学矢田部良吉教授の罷職にともない、富太郎が佐川から上京して同大助手となったのは、前年の二十六年。井上と別れて一年後だが、後学の井上にとって最高学府の植物学教室へ勤めだした富太郎は、うらやましくも輝かしい存在となったに違いない。率直に富太郎の教示を請うている。

　松山滞在之砌（みぎり）、奥平氏より貰ひ帰りたる標品数種御送附申候間、何卒御命名御通知下され度（たく）願い奉り候
　相変わらず御研究日々御発見之趣了承、邦家の為に拝賀し奉り候、折々は御容子（ようす）

拝承仕度、且又学問上に於ける新説もこれ有り候はゞ、御通知御誘導成下され度
千万願上げ奉り候

ところが手紙は続いて、同大学を卒業してドイツ留学中の、三好学から来た長文の書状を紹介する。ドイツの諸所を述べたくだりや植物学事情を説いたところなど、富太郎にはたぶん目新しくもなかったろうが、「一の珍奇なる小羊歯封入これ有り候」には括目しはしなかったか。

井上は手紙にそのシダの図を描き、封の表示を紹介する。

Asplenium setentrionale Hoffm.
Eisenach. am Felven
Sept.21.1893, Coll m.m.

「seten―」は「septentrionale」の誤記か。

そうなら、ウラボシ科のチャセンシダの仲間である、アスプレニウム属の一種となる。ヨーロッパ、西アジア、旧ソ連、アメリカらに見られるものの、日本には存在しない。

アスプレニウム属には富太郎の命名にかかるものとしてハヤマシダのほか、Asplenium Yoshinagae Makinoと井上の兄・吉永悦郷の名を学名に入れた、トキワシダがあった。

井上が、ドイツのアイゼナハで三好の採ったこの標本を、「本邦には新しきもの」と提示するのは、もう分類学者牧野富太郎を敬意の目で見ていたからにはかならない。

二　矢部吉禎

明治二十年に富太郎らが創刊した『**植物学雑誌**』は、矢田部良吉教授の勧めにより、すでに存在する東京植物学会の機関誌となった。会は事務所を帝大理科大学の植物学教室に置き、スタッフの中心を同室出身メンバーで固める。運営は堅実で、富太郎は常にかかわっていた。

次は、同三十三年に東京帝大理科大学を卒業し、三十七年から同大助教授を務めた矢部吉禎の書状。植物分類学の道へ進んだ矢部は中国北東部の植物相を研究し、三十三年から北京大学堂教授を務めてもいるが、この手紙の発信元は「小石川植物園内理科大学植物学教室」の東京植物学会矢部吉禎となっている。

早田氏よりの依頼なるづ、本月分原稿出来上り候はゞ、成るべく早く御送り下され度、他は既に去月末に送り済み候ひし故、左様御承知下され度、尚小生より御依頼之件も、出来得る事なれば小生出立前に是非頂き度、今月末日頃迄に願上候

断定できぬとはいえ、「本月分原稿」とあるからには、まず『**植物学雑誌**』の原稿催促であろう。

いつのものか。郵送でなく、年月も一切書かれない。ただ文中の「早田」は早田文蔵かと思われ、彼は三十六年に東京帝大理科大学を卒業して大学院へ進んだ。これは置いて、カギとなるのが「小生出立」。矢部の北京大学堂赴任前とすれば、つまり三十三年頃となる。

ここで決め手となるのが次の追伸。短くこうある。

富士にては、さぞ種々なる得物ありしこと丶信じ候、不分拝眉の節伺べく候

富太郎は三十二年八月、同行者をともなって富士山へ登っている。数日楽しんだ採

集は、ヤマハンノキ、ミズキの高木や、メギ、ハナイカダの低木、あるいはオヤマボクチ、タカノツメといった可憐な草花から、イネ科のカリヤス、カリヤスモドキなどと多種多彩に及んでいた。

喜々とする富太郎の表情が浮かぶ。手紙は三十二年であるわけで、安月給の富太郎が、もう植物学教室（東京植物学会）にとって欠かせぬ存在になっていたとわかる。ちなみに矢部は、富太郎が後に免職となったとき復職運動を展開した人。

三　栗山昇平

植物学者である富太郎には、いろいろな所、また人から手紙が来た。植物とのかかわりでも、かかわりように意外なものがある。

次は、広島陸軍幼年学校に在職していた、栗山昇平という人からのもの。今の和歌山県田辺市に住んでいた栗山は、明治二十六、七年以前、来県した田中芳男から植物名の指導を受けている。その植物学を学ぶ彼が仕事にからんでか、富太郎に教示を請うている。

過日御送り申上候植物腊葉（せきよう）到着致候哉（や）、若し着致居候は丶、甚だ勝手ながら御指教に預り度（たく）、且又火薬に作る榊之学名、和名、産地等、御指教に預り度候

同三十六年四月二十一日消印の葉書は、同校からの発信。幼年学校は帝国陸軍が主要都市に設けた全寮制の軍人養成機関で、卒業生の多くは陸軍士官学校へと進む。そんな広島の同校に勤める立場だけに、風景画を添えた一見と違ってドキリとする内容だ。

もとより「火薬に作る榊」にわざわざ罫線が引かれるからには、真のねらいが何か明らかだ。榊が火薬造りにどう活用されるか知らない。しかし打ち上げ花火に、仙五段榊十段何十五段うんぬん、仙提灯榊柳に鞠榊うんぬん、などの言い方があるからには、何かありそうだ。

火薬製造について教示を請う件は、まだ続いている。翌年七月、栗山は上京して富太郎に植物名の特定などしてもらっているが、後日の礼状に次の追伸がある。

尚々此程御願申上候火薬用の柳、御調査之程偏（ひとえ）に希上（ねがいあげ）候

柳もまた、炭化して火薬の原料に使うことが可能らしい。いったい富太郎は前年の問いにどれほど答えていたのだろう。ミリタリストというわけではない富太郎だが、かといって常人なみの愛国心は持っている。一年間何も答えない筈はなく、何と答えたか興味深いが不明だ。

ちなみに栗山は同四十年代、同じ和歌山県に住む南方熊楠と交流があった。南方は後日、富太郎の研究を遠慮なく批判した人。栗山は昭和二年、兵庫県の御影師範学校に訪ねてきた富太郎と会うが、生臭い話題は出なかったろうか。

四　五百城文哉（いおきぶんさい）

夏、日光や八ヶ岳らの岩場草地に、ニョホウチドリという草が美しい紅紫の花を咲かす。深緑の葉に良く映える高貴の色だ。

和名は日光女峰山にちなみ、発見した城数馬と五百城文哉の名をとって、富太郎が学名をOrchis Joo-Iokiana Makinoと付けている。

その五百城は水戸に生まれながら日光に住み、洋画の技術と植物の知識を生かして高山植物を好んで描いた。富太郎は上京してすぐに日光を訪れたように同地への関心が高く、ふたりはもしかすると明治二十年代から知己の間となっていたのでないか。

次は同三十八年十月八日消印の、日光から富太郎へ宛てた五百城の葉書。差し上げた腊葉などが住所不明で届いていないらしいと詫びたあと、続ける。


彼目録は独逸へ種物を送るに付、外国にも産するものにこれ有り、為に何か符号を相願度積にこれ有り候、扨又黒田原之他九州辺之野べにもこれ有り候フウロの一種にて、花は下図の如く今小し大なり、色深紅にて甚美なり、葉はハクサンフウロに似て切れ方少しく疎なり、全身平滑毛茸なし、右園芸文庫十一月分の挿画中に入度存候間、和名御取調へ、至急御返事下され度願い奉り候、若し和名これ無く候はゝ、仮名なり何なり風流の御命名願上候、城か黒田原にて採集せしものなり

五百城はドイツの人と交流があり、高山植物の絵や、日光周辺の植物の種など送っていたらしい。富太郎はそんな彼に協力して種物の特定をしていたのだ。

そして手紙は那須や九州辺にあるという、ハクサンフウロに似たフウロの一種の教

示を請うている。アマチュアの城が那須黒田原で採集したこのフウロが、どういうものであったかわからない。ただ、山草会を組織した五百城や城にとって、富太郎が最も頼りとする師だったことが理解されよう。

一方の富太郎にとっても日光は最も大切な植物の宝庫で、しかも五百城・城・松村任三らによって植物園が造られている。ボタニカルアートの才ある五百城は、願ったりかなったりの門人だったのだ。

五　加藤賢三

明治三十年代、東京帝大理科大学の助手にすぎぬ富太郎は、肩書と不釣り合いなほど植物分類学者としての名声を高くした。彼の指導や鑑定を願う植物研究者、学校教員、また一般ファンが全国に満ち溢れ、植物が飯より好きな富太郎は、このことごとくに応えてゆく。次はその一例。

同三十六年九月、福井県立福井中学校教員だった加藤賢三は、その年、滋賀・岐阜両県にまたがる高山植物の群生地、伊吹山地へ登って採集した。小石川植物園で研究を続ける富太郎の特定を得べく、早速依頼している。

本年は兼而（かねて）申上候通り、伊吹へ登山仕り、少々採集仕候処、名称不明のもの数多これ有り、是非先生之御教示を仰き度（たく）存候が、先生には御都合如何（いかが）に御座候や、万一御教示を賜はることを得ば、該山採集之現品、并（ならび）に福井県下敦賀地方之分も併せて郵送仕るべく候、御都合御伺申上度、斯（か）くの如くに御座候

同年七月から九月にかけての富太郎は、子爵加藤泰秋の北海道利尻島採訪に同行し、また日光で採集に入り浸っていた。長期に大学を留守にすることが多く、帰ってきてもその整理・鑑定に忙殺されていただろう。

加藤は結局、標本の鑑定を依頼したものの、暮れになってもなお回答がなく、しびれを切らして督促の葉書を富太郎に出す。同年十二月六日付で同様、小石川植物園へ送っている。

今夏御厄介相願申候植物標本命名之義、如何に相成申候や、誠に催促ケ（間）敷申分にて甚た失礼とは存候へ共、一日も早く拝見仕度、何卒（なにとぞ）御諒察之程願い奉り候、先は御願迄斯くの如くに御座候

この結末自体はわからない。が、想像するに富太郎は懇切に回答しているであろう。二年後の三十八年九月二十九日、京都各地での採集を終えた富太郎が、滋賀県の伊吹に滞在して調査している。たぶん加藤が同行したのではないか。

ちなみに加藤は、四十四年に『**白山登山案内**』を著した人と思われる。地理学・地質学を基本とした真面目なガイドブックだ。

六　徳田佐一郎

一八八四年（明治十七）、ロシアの都市サンクトペテルブルクで開かれた国際園芸博覧会に、日本政府代表として、田代安定と徳田佐一郎の二人が参加した。共に田中芳男の下で学び、外国語に堪能で、マキシモビッチの知遇を得るなど植物学への造詣が深い。

徳田はその後、横浜に本社、ニューヨークとロンドンに支店を置く、横浜植木株式会社の取締役となっているが、その徳田が明治三十七年二月二日、富太郎に便りを寄せている。

昨日、遠路御光来成下され御礼申上候、カタルグに付、多年生并高山生の草稿は、来五日中到達候様御尽力相願候、多数には及ばず候間、極略篤なる解説御添へ下され度候、キンカキツは本版に彫刻して、図説を入れ申すべき積に御坐候

住所を書かず、消印局名もはっきりしない。ただ横浜植木は二十三年に設立されており、高知県立牧野植物園の牧野蔵書には、同年代から四十年代へかけての同社カタログが散見される。たぶん徳田は三十七年に在籍し、カタログ製作にもかかわっていたのだろう。そこで、富太郎が横浜へ出向き、多年生と高山生植物の原稿執筆を依頼され、少なくともキンカキツは図まで求められた、ということではないのか。

消印の読めぬ二月二十日付の、徳田のもう一つの葉書がある。右の要件を続ける同年かと考えられ、次のように書く。

兼而御依頼申置候多年生植物品類は、如何相成候や、御思付はこれ無く候や、最早其辺迄印刷進み来り候に付、出来候はゝ速に御送付相願度、貴名を記載致候訳にはこれ無きに付、至極略説にて宜敷候、兎に角此状着次第、何分の御返事相願

各地から引っ張りだこの富太郎は、超繁忙の日々が続いていた。最後は原稿を送ったにしても、期日を超えることが日常茶飯事だったのだろう。

これより二年前、田中芳男は富太郎に、「実のなる仕事」（後述）を勧めて収入を増やせと助言している。横浜植木の依頼はその助言に合致するもので、同社からみれば、それだけ富太郎の価値が高かったというわけだ。

七　植松栄次郎

富太郎の『自叙伝』を読んでいると、明治三十五年、伊勢の本郷という所で寺岡・今井・植松の三人が発見した新種に、ホンゴウソウの和名と、学名を付けたというくだりがある。

ホンゴウソウは地表高さ数センチにすぎぬ、葉のない、一見植物とは思えぬ多年生草本。湿気の多い暗い中に紅紫のマリ花を咲かすこの草を発見したのが、当時、三重県四日市市の高等小学校に在職していた、寺岡嘉太郎・今井久米蔵、そして植松栄次郎の三人の仲間だった。

三人はその年、同市内にあるナシの原種を見つけ、富太郎によって和名マメナシで発表されている。現在では新種でないとされているようだが、国の天然記念物である貴重性に変わりはない。

三人はまた三十六年、同市内で別のナシを見つけ、やはり富太郎によってアイナシの和名、そしてPyrus Uematsunaの学名で発表され、これまた後に国の天然記念物となっている。三人の中でも植松の熱心さが窺われ、それを証明するかのように彼はまた実績をあげる。

富太郎の『**自叙伝**』はホンゴウソウに続き、土佐で見つかった同属に、トキヒサソウ別名ウエマツソウの和名と、学名を付けたとある。トキヒサソウというのは、もう一人の発見者時久芳馬にちなむが、植松はその標本に、自分が高知県で発見した標本を合わせ届けた。同じ紅紫色でも雄花の大きい異種を知った富太郎が、二つのうち、ウエマツソウを主和名として公にしたのである。

実は植松は三十七年三月より、高知の県立高等女学校へ奉職していた。たぶん理科担任で、これまでの高等小学校よりはるかに専門性を増す。白線一本袴姿の見目麗しい乙女に教えるかたわら、三重とはフロラのいささか異なる四国の山野を駆けめぐっていたのだ。同年九月、同校からこんな便りを出している。

過般は御手数を煩(わずらわ)し恐縮致候、扨(さて)、今般採集致候植物数十種、高等女子師範学校生徒江沢生に托し、御命名相願ひ候事に取計ひ申候間、何卒(なにとぞ)御面倒なから御教授成下され度、予め御願仕候、尤標品は不完全なるものもこれ有り候得共、御手(て)許(もと)へ御残し置下され度、右御願

八　E・ラゲ

植物学者牧野富太郎の門戸は、植物を愛する人なら誰にでも広く開いていた。明治三十七年、E・ラゲという人物から来た、ヘボン式ローマ字で書かれた三枚の葉書がある。二通を紹介しよう。

六日の消印。

My dear Mr.Makino

Senjitsuwa makotoni arigatō zonji mashita Sate Wasureta Koto ga ari masu
Kara, dōka otekazu nagara mukō no kotoba no honyaku wo Koute itadaku Koto
ga dekimasumai ka mae motte oreijowo mōshi agemasu

Em Raguet

翻訳を依頼している。ラゲの住所は東京の築地明石町三十五。明石町といえば今の中央区にあり、築地居留地のあった地域。蘭学事始めの地でもあって、維新後は教会や大使館など西洋の雰囲気に満ちていた。

ラゲは、植物の和名教示、和訳を頼んでいたようだ。次は十一月九日の消印。

Aisu beki Sensei,

Senjitsu wa arigatō zonjimashita. Yo mendō nagara besshi ni aru mono no
wamyō wo kaite itadaku koto deki masumai Ka.
Mata tsuide ni orchidees, orchys no onionaru na wo Kaite Kudasaimasu maika?

別紙リストの和名と、ランの仲間について教示を請うている。

葉書の表に「ラゲ」と書かれた名は本文でEm Raguet。パリ外国宣教会からの派遣として来日した、ベルギー生まれの宣教師であるエミール・ラゲらしい。

ラゲは福岡・鹿児島・長崎など九州各地での司祭として知られるが、中でも大きな功績は新約聖書を日本語に翻訳したこと。ヘボンらの翻訳に続く挑戦は、この音信の前年となる三十八年に脱稿し、四十三年『**我主イエズスキリストの新約聖書**』として、鹿児島市の公協会から出版された。

日本語に堪能なラゲだからこそできた偉業だが、あるいはカトリック教本として今日に残る名訳のどこかに、富太郎の教示が生かされているかもしれない。

ちなみに富太郎は日本式よりヘボン式ローマ字を推す人だった。

九　平瀬作五郎

富太郎のいる植物学教室に、ある意味、富太郎と似た経歴の人がいた。

平瀬作五郎。福井藩に生まれて同藩中学校を卒業。図画教員として岐阜県中学校などに勤め、明治二十一年、帝大理科大学植物学教室の傭となり、その後技手・助手へと昇った。職種が画工である点で画図に巧みな富太郎と共通し、また帝大など高等学歴がない点でも似通っていた。

それだけでなく、平瀬は二十九年にイチョウの精子を発見・論文発表という、輝かしい業績をあげた。池野成一郎のソテツ精子発見と合わせ、裸子植物の系統的位置づけを明らかにし、そして裸子植物の中に新たな綱目を生むことに繋がった。西欧に追随するばかりだった日本の植物学が、この発表で世界をアッといわせたのである。

これは二十二年に富太郎が、日本人として初めて日本でヤマトグサの学名発表した功績に通ずる。経歴の似たふたりの交流は熱かったと想像されるが、その後のふたりは異なった。助手・講師として大学にとどまった富太郎に対し、平瀬は学内の確執のためか、三十年に退職して滋賀県彦根中学の教員となる。三十八年にはさらに京都の花園中学へ転じ、大正元年、帝国学士院恩賜賞の栄誉に浴しながら、同十四年に病歿した。

次はこの間に、渡韓を断念して京都に就職する事情を窺わせる、明治三十八年二月十一日付の富太郎宛書状である。

偖、小弟義渡韓之目的存分に参兼、残懐乍ら帰郷之已むを得ざる運に相成、目下京都知友之元に厄介に相成居候始末、御笑察下され度候、漸く内職之為標品調製之依嘱を受け、近頃取掛居候、就而甚た申上兼候へ共、龍血木（壱、弐本）、いちちかごむのきの葉（老熟の品二、三葉）、風蘭の気根（一本）、むじなも（酒精浸りし候は丶二、三株）御恵投之程、懇願し奉り候

手紙は京都下鴨（現左京区内）の笠原という寄宿先から出している。どちらかといえば不遇となった平瀬に、富太郎は世に出したムジナモなど、喜んで提供しただろう。

十　北沢廉太郎

「今日、本邦所産の草木を図説して、以て日新の教育を翼く可き者の、我国に欠損して」。

明治三十年に出た富太郎の著書序文の一部である。この気概と意欲をもって植物学教育に臨む富太郎は、全国どこの人でも、また教育者・研究者・愛好者のどの分野でも、懇切丁寧いとわず指導した。

しかも富太郎は根底から植物を愛し、草木が自分の命、草木があって自分が生き、自分があって草木も知られると信じる。彼にとって植物の研究が最大の幸福だったのであり、他人に教えることはその幸福の延長となる。

次は、三十八年に富太郎の指導を受けた、現大阪府八尾市と思われる、八尾東町の北沢廉太郎という人の礼状である。富太郎の熱い指導が、ひとりの人生の方向づけに大きく影響していった例示だ。全文をあげよう。

拝啓

昨日より降り初めし雪は、今朝四、五寸降り積り、見渡す限り一面之銀世界と相成候処、御尊台様には如何御銷光遊ばされ候にや、久しく御無沙汰仕候、誠に〱申訳御座無く候、降て小生相変わらず無異消光罷在候間、余所乍ら御安慮成下され度候、却説今回滞京中は種々御懇篤なる御指導に予り、殊に今度之本試験には合格致候事、全く先生之御庇護ありしに依ると、只管感銘罷在候、就ては斯学之為益尽力致度と存居候処、相変わらず御愛顧之程、伏して懇願し奉り候、まづは右御礼旁此くの如くに御座候、尚時下御摂養祈り奉り候、謹言

十二月四日　　　　　　　　　　　　廉太郎拝
牧野先生膝下

完成した文は、立派な社会人であることを窺わせる。他に植物を送った手紙もあることからして、在京中に受けた富太郎の「御懇篤なる御指導」が、植物学であったのは疑うべくもない。北沢はそこで「今度之本試験には合格」したという。何の試験であったのか。教員検定か、研究職か、わからないが、北沢はいっそうの植物学への貢献を誓う。富太郎に、草木で博愛心を養うという志があったればこそといえるだろう。

十一　田中光顕

富太郎の生地、佐川を代表する維新の元勲に田中光顕がいる。土佐藩筆頭家老深尾氏の臣・浜田家の出で、明治天皇の宮内大臣を長く務めたことで知られる。

富太郎の経済的窮地を救った一人だが（後述）、その光顕から富太郎に出した年次不明の書状コピーが手元にある。三十年程前、高知県立牧野植物園に在職だった小松みち氏から解読を依頼されたときのもので、二通ある内容は次のとおり。

別紙差出し候、御落手下さるべく候、謝儀之事は尚追而申進ずべく候、頓首

六月三日

弥（いよいよ）御平安珍重不斜候、陳（のぶれ）ば先達而（せんだって）掘博氏へ御依頼之集写骨折料、凡（およそ）金拾五円も御遣し下され候へは、本人之満足にこれ有るべく相考候間、此段御意を得候也

七月八日

二通は関連しているようだ。「掘博」とはだれか。

詳しい経緯がわからず断定的には言えないが、正倉院御物整理掛に掘博という人物がいた。明治二十五年に設置された同掛には皇太后宮大夫杉孫七郎以下がおり、皇太后宮属だった掘も掛員に任命されている。じつは三十七年まで続くこの組織が生まれたとき、宮中顧問官だった田中らを委員とする明治宝庫の開設も検討されている。田中はこの頃から掘を見知っていたとみるべきで、しかも田中の宮中における地位は以後ますます高く、正倉院や京都東山文庫を帝大に開放させたことでも有名だ。

富太郎は富太郎で、植物学に関する書物には強い執着心と所有欲があり、入手困難

なものはみずから転写してでも手元に置こうとした。

一見、異なる世界にいる富太郎と田中ながら、故郷を同じくし、古典を大切にする点で共通する。そこで手紙は、何か貴重書の「集写」に付き田中をとおして「掘」へ依頼し、その「骨折料」を十五円払うとしたときのもののようで、富太郎がそれだけ田中に認められていた証でもある。

十二　恩田経介

少年時から「書籍の博覧を要す」（「赭鞭一撻」）を信条とした富太郎は、欲しいと思う本はできる限りの手をつくして手に入れた。そして原本が入手できぬときは書写によって補った。少年時、佐川の友人宅で『**植学啓原**』を見、漢文を書き下し文に改めながら図を忠実に転写したことは、自叙伝また牧野文庫に残るその本を見れば明らかである。

『**植学啓原**』は天保四年（一八三三）宇田川榕庵が著した西洋植物学書。分類、そして根・茎・葉・花・実などを科学的に説明し、最終三巻末には色刷図が入る。同五年から「風雲堂蔵・青藜閣」また「菩薩楼蔵版」として出版され、幕末の蘭方医・本草学者らに大きな影響を与えた。
富太郎が大成してからもこの本に執着していたことは、右文庫のコレクションをみれば一目瞭然で、残る手紙にも次のような同コレクションにかかるものがある。後に明治薬科大学学長となる恩田経介から来た、大正九年（一九二〇）五月十五日付の葉書だ。

一昨晩は不在にて失礼仕り候
昨日、一寸（ちょっと）お伺ひいたし候処、御不在故帰宅仕り候、甲乙二種の植学啓原か手に入り申候、甲は扉か黄色、乙は白色、乙の裏扉には和蘭（オランダ）翻訳医書窮理（きゅうり）書発行目録これ有り候、先生のと同しに候

恩田は明治四十四年（一九一一）にできた東京植物同好会に参加するなど、富太郎の心許す研究仲間で、宇宙人の頭か毒キノコのように見えるアミガサタケを、平気で食べた人。この頃気さくに往き来し、手紙の冒頭も十三日に訪ねてきた富太郎に詫びたものである。

本文は朱で書かれるが、欄外に青色の甲図と乙図があって、甲図は「天保五年仲春新鐫菩薩楼蔵版」、乙図は「風雲堂蔵青藜閣」とある。恩田が十四日に富太郎を訪ねたのは、たぶんこの両版『**植学啓原**』を見せたくて行ったのだろう。

富太郎は横浜植物会の富士山採集から帰ってすぐの二十日夜、また恩田の来訪にあっている。そして六月一日、富太郎は彼の家で『植学啓原』を借り、翌日には共に浅草にある宇田川榕庵の墓に詣でて碑文まで取った。二人の宇田川尊敬の念がわかるのである。

第四章　冬来たりなば

一　猶（なお）

豊かな商家「岸屋」の一人子として生まれた富太郎は、両親の早い死と重なって家業の経営を当然視されていた。家には佐枝竹蔵、続いて井上和之助という優れた番頭がいたが、采配を振るう祖母は店の将来を考えて富太郎の婚儀を進める。母の妹・政には山本源吉との間にできた猶がおり、女子師範学校を卒業した彼女は岸屋へ来てよく手伝っている。祖母が、この猶と結婚させたのが明治十九年以前だったようだ。

しかし、十四年に初めて上京して最先端の植物学をみた富太郎の心は、以後ほとんど東京にあり、佐川と東京を往き来する生活は、二十年の祖母死去によって一段と東京へ傾く。猶との充実した夫婦生活はほとんど無かったといってよく、富太郎も彼女には経営の才の面を期待していたようにみえる。

高知県立牧野植物園にはまだ一般公開していない書状があり、大原富枝の小説『草を褥に』に収められた九月二十五日付の次もそのひとつ。年次が書かれぬが、彼は二十四年晩秋、家産整理のために帰郷している。同年ではあるまいか。右小説が紹介した内容は次のとおり。

本日、電信を以て送金の事御申越しに相成候へども、兼て御面会の節且手紙にても毎度申上候通り、内にとては少しもこれ無く、又、他にてせわ方致し候も、総（すべ）て御所有の物は私の勝手に取計らう事ならず、何を以て金策相付候也や、其れ故に先日も申上候通り、一寸（ちょっと）御帰宅に相成り候へば、拠々に話し合の上金策致候心得に候へども、御帰りもこれ無く何共致し方これ無く候、是非とも一寸御帰宅相成らずては——

富太郎の大学での研究は、祖母が亡くなり、自分が自由になりだした岸屋の金を使うことでできていた。またこの手紙の発信は「牧野猶」であることから、彼女との正式の離婚にはまだ至っていない筈だが、富太郎は二十一年までに寿衛とすでに結ばれていた。その生活費も要ったのはもとよりで、猶はすべてを承知の上で対応しているのである。

富太郎にとっては最大の心の葛藤をのこす部分といえ、だからこそ彼なら明確にわかっている寿衛との結婚時期を、『**自叙伝**』で「二十三年頃」とぼかしたのである。

二　寿衛（一）

富太郎と猶の結婚は、猶の入籍までには至らぬままに終わったようだ。富太郎からすれば祖母の死去、在京の長さなどが幸いしてそのままにできたのだろう。猶はおって番頭だった井上和之助との風説が流れ出してから結婚する。

こうして富太郎は二番目の妻・寿衛と名実ともに充実した夫婦生活に入った。とはいえ、許されて帝大理科大学へ出入りするだけの彼には給料がなく、にもかかわらず自費で『**日本植物志図篇**』を次々と刊行する。二十一年には第一子の園子が生まれ、何かと病気になることが多い。富太郎の植物学書入手は際限がなく、そこで仕送りする岸屋にも限界がやってきたことを、先の手紙が示していた。

送金が途絶えがちとなった富太郎は二十四年帰郷し、生活苦と闘う身重の寿衛が留守を守る。次は、『**草を褥に**』が紹介した同年十一月十二日付の彼女の手紙。猶への挨拶、園子の具合など述べて、続く。

又々今日井口さんお出かけ下され、お断りは申上おき候間、何とぞあなた様より
お手紙さしあげくだされたく、井口さん仰世（おおせ）には、あなたにお話しおきしてよう
ようのあつめを御上京の節お持下されるよう申上くれ、との事に御座候

井口は大口の借金なのか、他の人々には十五日までと言っているので送金を、と書
いた後さらに続ける。

西京の方より手紙参り、なるだけ早く衣服片づけなど申し、またおきみよりは迷
惑するなどと申し参り候間、まことにお気の毒ながら、そのよし御承知くだされ
度（たく）願い候、それに岡本はじつにわからぬ人で、十日までと断りおきし品二品、ま
だ郷里より金が来ぬゆえ十五日まで待くれと申すに聞かず、ようよう十五日まで
待たせておき候

西京の方、おきみ、岡本、皆、借金がらみの人のようだ。岡本には十五日まで待っ
てもらうだけでも苦労している。

手紙はこのあと、未払いとなっている園子の投薬代、富太郎が好意を寄せる左官屋の娘の話が記される。富太郎はいずれもそれなりに対応しただろうが、寿衛の生活苦はたぶん富太郎の考える以上で、富太郎の奔放な散財はたぶん寿衛の考える以上だったのだ。

三　**寿衛（二）**

富太郎は、ひとりの人間として見ればどんな人だったのだろう。妻は、初めの岸屋経営のために迎えたといっていい猶は別として、二番目の寿衛にはやさしく接した。子供も大変可愛がって、病気の時など殊のほか心配したという。しかし彼には、富商の坊ちゃん育ち故の欠点があった。岸屋の仕送りが途絶えがちになり、家産の整理のために帰郷したときもそう。好きな世界に身を投じてタガがはずれ、制御が効かなくなって家族をいっとき忘れるのである。

引き続き『**草を褥に**』から紹介する、明治二十六年（一八九三）二月の次の寿衛の手紙からも、その欠点が窺われる。

矢田部教室への出入りを禁止された富太郎はこのとき、岸屋の財産処分を済ませて高知の一流旅館にいた。植物に次いで好きな、西洋音楽のレベルが高知県では低いと知り、改革のために外国オルガンを買うなどと散財していた。ところが留守では――

去年十二月為替金二十円御送り下され、たしかに相着き、早速御返事をさし出すべきところ、おその病気とてまことに延引致し、何とぞ〳〵御ゆるし下されたく候、おそのこと去年より風邪ひき、それが元にて一月卅一日よりよほど悪く相成り、また全快致さず、米粒をいっさい食べず、じつにやせ細り、まことに心配致しおり候、昨夜も熱に浮かされ、トーチャン〳〵と申し、じつにかわいそうでたまらず、私はちょっとも傍をはなれず、唯々寝たきりでおります、もう、よほど快くならねばならぬはずなのに、ちょっともよろしき方に向わず、まことに心配致しおり候、また、おかよこともからだ中に出来もの出来、夜がな夜日に泣き通し、おそのは泣き、じつに困りおり候、あなた様にも御用すみ次第、一日も早く御上京遊され度、待ち申し候

園子は四歳の長女。一ヵ月以上前に発病した風邪が悪化し、この直後に亡くなって

いる。側では腫物のできた次女香代が泣いているなど、寿衛は心身ともに追い込まれていた。富太郎はようやく急いで帰京するのである。

四　土方寧（ひじかたやすし）

富太郎の人生は、生活との闘いでもあった。最初の大ピンチが佐川の家産を失い、十五円という安月給の助手生活で、借金二千余円を抱え込んだとき。明治二十八、九年（一八九五、六）の頃である。

苦境を救ってくれたのが、帝大法科大学教授をしていた土方寧。富太郎の生家と百メートル程しか離れておらぬ、現佐川町立青山文庫の地に家のあった人だ。彼が同郷出身の高官・田中光顕と相談し、三菱の岩崎にすべて清算してもらった。

次は三月三日付の、土方が書いた書翰のコピー。牧野植物園から解読を依頼されたときのものが、そのまま残る。（□は巻紙最上部定位置の汚損）

度々（たびたび）御来訪之所、色々取込中にて御面会致し申さず、廿八日旅行前に菱谷へ都合問合せ置候処、留守中へ品物届け来り□御売払相成候て、都合（つごう）に依り、菱谷に於て買受け申すべしとの事に御坐候、貴兄より買望手に御見せ成され、其代価次第にては更に鑑定し□□ひ、相当の代価にて御得になる様に譲受けてよしとの事なり、御考成さるべく候

何度か土方を訪ねたものの、会えていない。家産の何かを売却処分したいらしく、土方が斡旋している。生活苦が絡んでいたのはまちがいなかろう。

扨又、一週一度位は他に兼務差支なき内、博物館之方は先般九鬼氏へ話し候処、心得置くへしとの事にこれ有り候、九鬼氏は目下、奈良へ出張中に御坐候へども、帰京之上、更に相話し申すべく候

「九鬼」とは、初代帝国博物館総長を務めた九鬼隆一であろう。土方は、富太郎が帝大理科大学植物学教室助手のかたわら、同博物館へ週一回兼勤の運動をしていたことになる。

手紙は封未見のため、現時点では年次が不明だ。九鬼が同総長になったのは明治

二十二年（一八八九）だから、まず富太郎が苦境にあった二十八、九年前後とみて大差ないだろう。富太郎の生涯をとらえるうえで貴重な書状である。なぜか表立っては未公開のこの書翰、早い閲覧可能の対応を期待したい。

五　田中　芳男

第二章一でふれた幕末・明治の博物学者田中芳男は、その官界分野で活躍することが多かった。農商務省退官後に大日本農会、同山林会、同水産会各幹事長や、日本材木業連合協会々長らの要職にあったのも、官界と博物学の両世界で実績を残したためだった。

富太郎が上京して初めて感動した芳男との交流が、その後も続いていることは第二章一の書状でもわかるが、ときにその内容は、芳男の人生経験に基づく親身な助言にまで及んでいたようだ。牧野植物園が閲覧可とした彼の書翰類十一通の中に、次のような消息がある。

秋冷之候、貴恙（つつが）如何、追々御快復之事と存候、陳（のぶれ）は先般御蓐（しとね）辺に而縷々（てるる）中上候事は十分御承知之事と存候、留守宅に而金子御調達之事も承知致候、兎に角、実のなる仕事をなされて、義務的の実入なき事は御止めなされ、此事は従来、縦令(たとえ)約束あるも、家計の成立にて何分致し兼ねし事を明言して、謝絶なされたく存候、又、例の件は岐阜人、大垣人より懇請せられて、今にては進退維谷(いこく)の境遇に相成候次第、御賢察相成度(たく)候、敬具

三十五年十月十八日

名古屋にて　田中芳男

大日本山林大会が行われていた名古屋市から出している。冒頭の「恙」は病気。芳男は床についていた富太郎を見舞っている。見舞うだけでなく、生活設計についても懇々と説得しているようだ。

数年前の二千余円の借金はカタがついたが、変わらぬままの肩書やら子供の増加やらで、また借金ができだす。芳男は、牧野家をまもる寿衛が金の調達に腐心していることまで知り、そこで、「実のなる仕事」を進めて収入のない仕事は止めよと勧告した。既に約束したことでも、家計を考えて断れとまで進言しているのである。

これらの仕事が具体的に何を指しているかわからぬ。ただ富太郎の日常生活は、家族へのいたわりをみせながらも植物第一というところがあった。親子ほど年が違い、かつ同学の偉大な先達でもある芳男の忠告だけに、富太郎の心の奥深くにまで届いたのではないか。

六　近森(ちかもり)　出来治(できじ)

富太郎は東京府北豊島郡大泉村(現練馬区東大泉町)の一画に持ち家を構えるまで、借家を転々とする生活が続いている。

子供が次々と生まれる一方で、増え続ける植物標本を収める部屋が何室もいり、見境なく購入する専門書も膨大だ。薄給に不似合な大きな家を必要としたのはそのためで、家賃を払いきれないから追い出される。家族が多い故の病人・死失など重なってまた借金を増しつつ、やむなく大きな家を借りるという悪循環だった。

富太郎の三女・鶴代が幼い頃を語っている。標本五十万点、三、四部屋を要する本をかかえ、蔵のある大きな家を借りたり、でなければ標本と標本の間で寝た。無計算で借りるから大晦日になると引っ越しのため歩き回り、大泉に家を構えるまで十八回移転した、と。

「蟋蟀(こおろぎ)鳴て妻子は其衣の薄きを訴へ、米櫃(べいき)（こめびつ）乏を告げて釜中(ふちゅう)時に魚を生ず」（明治三十二年『**新撰日本植物図説**』序文）。

次は、右の序文を書いてより五年後の三十七年（一九〇四）九月二日、故郷佐川町の隣村・尾川村（現佐川町尾川）から出てきた近森（旧姓大井）出来治の葉書である。

> 意外に御無音に打過候処、御変りはこれ無き哉(や)、小生過日上京いたし、一両日前表町を御尋いたし候へども、御転宅之御模様にて、現在の御宛所はわかりかね、遺憾に存候、然に最早(もはや)帰県迄(まで)に余日なき都合なれは、今回は失礼するかも知れ申さず候へども、何卒御住所を記し御一報成下され度(たく)、御願申上候

近森はこの以前に住んでいた小石川区（現文京区）表町を訪ねたが、一家は同区の指ケ谷(さしがや)町へ移転したか、いない。やむなく東京帝大理科大学の植物学教室へ送り、同室は「小石川廻し」の付箋を付けて富太郎の自宅へ転送したのである。

近森はどのような思いで東京を後にしただろう。同六年（一八七三）生まれの近森

にとって、富太郎は一回り年長、同大学で植物学を極めた大先達だ。逼迫する家計の実態までは想像できなかったのではなかろうか。

ちなみに近森は、富太郎が高知県の西洋音楽普及に取り組んでいた頃、才を認めて東京音楽学校へ入学させた人。卒業後は同校や師範学校、高等女学校などで音楽教員を務めている。

七　棚　沢

いったん岩崎家の支援で清算された借金は、数年もたつと、もう動産が競売にかけられるほど出来ていた。その借金がさらに積もり積もって三万円近くになったのが大正五年（一九一六）。富太郎自身が「絶対絶命」（**『自叙伝』**）と回顧した時期で、これを池長孟が救済したのは既述した。

富太郎は同年、五十円程借金して**『植物研究雑誌』**という会誌も発行している。だが実態は自費出版に近く、赤字で三号までしか出せない。これまた池長の援助で翌年やっと四号を出した。

その富太郎が七年十月下旬から十一月中旬まで、池長植物研究所の開館用務で神戸受け取った。

に滞在していた。そして帰京三日後の十七日、本郷に住む棚沢という人からの手紙を

一件は来る弐拾日が定日に相成居候間、已に夫々御手配中とは存ぜられ候へ共、
万一にも全部之御解決御差支之時は、利子丈け御都合之上、是非御払下さる様、
偏に此段御願申上候

間の猶予を求めながら、これも守らなかったらしい。棚沢は二十三日付で葉書を出す。

早くも借金ができ、その期限が目の前に迫っているのである。富太郎はさらに三日

去る二十日出之御封書によれば、今二十三日には御出下さる赴之様存ぜられ候に
付、只今迄御待申居候へ共、何之御様子も之なく、如何遊ばせ候哉伺上候、定
めし躯々御繁用之事とは存ぜられ候へ共、万障御差繰之上、明二十四日晩迄に是
非共御出下され度、偏に御願申上候

傍線は朱線だ。日限を守らぬ富太郎に厳守を迫る。その富太郎は二十四日、久内清孝らと千葉県へナンジャモンジャの調査に行っていた。和名ヒトツバタゴにこの変名がつく珍木を見に行った夫を横に、六人の子供を抱えて苦闘する寿衛が、やむなくこでも対応させられたのだろうか。

三万円もの借金をちゃらにできた富太郎、あるいは棚沢からの額など、さほど苦にしていなかったか。富太郎の日々は、学問と私生活の両面で春と冬が混在しているようだ。

寿衛が渋谷の荒木山で待合を始めるのは、この数年後である。

八　田中　茂穂

富太郎と故国を同じくする人に、田中茂穂という動物学者がいた。故国を同じくするだけでなく、分類学（魚類）を専門とする点で似かよい、また魚類方言に力を入れた点でも富太郎の植物方言集めと通ずる。東京帝大理科大学を卒業して同大学の教授など歴任したこの人が、こういうわけで富太郎と大変仲が良かった。

同大学を退官して北海道網走郡の東藻琴村（現大空町）で晩年を過ごす昭和二十四年二月、次のような葉書を寄せている。宛名を書き忘れているが、きちんと届いている。

只今、混々録九号拝受御礼申上候、表紙裏を見るに、箕作・五島両博士の件あり、何れも動物学者で、貴台に対する同情が動物学者に多く、植物学者に少なきは、実に皮肉なる悲劇に候
長谷川如是閑君など、もっと貴台に具体的同情をすべきものと平素思ひ居り候、之等の輩も口筆は肯きも、実行力の少なきは寧ろ当然かも知れざるも、残念に候

富太郎は前年十二月発行の『**牧野植物混混録**』九号に、著名な話となる雑誌『**光**』の「緑陰鼎談」を転載した。中に寿衛が渋谷で待合を構えた下りがあり、それに田中が寸評を加えたのである。

大正十年（一九二一）のその頃、牧野家は変わらず窮乏状態が続いていた。そこで

妻が始めたこの仕事に、大学の五島清太郎理学部長は了解するだけでなく、万端、富太郎を庇護してくれた。箕作佳吉は明治の頃から学長として富太郎の給与面に同情し、富太郎と松村任三との対立があったときも彼を護った。

待合について大学から非難があったわけではないが、田中は箕作・五島両名が動物学者であることにからみ、今日、植物学者達はもっと富太郎に同情をよせ、大局的にいっそう支援すべきではないかと言いたかったのだろう。これは富太郎を評価する長谷川如是閑のさらなる努力を求める一行にもつらなる。裏返せば、学歴のない植物分類学者牧野富太郎を見る、冷ややかな空気が一部植物学界にあったからだろう。

昭和二十五年、富太郎は日本学士院会員に推された。

九　原田三夫

皆が驚くほど元気だった富太郎は、九十歳を過ぎる頃から急激に弱っていった。

次の手紙は、彼が東京帝大理科大学で指導したひとりの原田三夫で、植物学を学んだ原田は科学雑誌を作り、戦後は日本宇宙旅行協会を設立した。これはその協会仮本部から出した昭和二十九年（一九五四）三月のもので、富太郎九十二歳、原田六十四歳のとき。歌心ある原田が小倉百人一首を替え歌に仕上げ、かつすべてローマ字で書いている。

女性関係にふれた表現ばかりなので、差し障りの少ない三首だけ紹介しよう。本歌は順に六十六番・前大僧正行尊、九十六番・前太政大臣藤原公経、十二番・僧正遍昭である。

Morotomoni awareto omoe ubasakura, ziziyori hokani hiku hito wa nasi,
Hana sasou anoko no mono no yukino hada, hurituku mono wa wagami narikeri,
Amatukaze momo no kosimaki hukiageyo, otome no sumata sibasi todomen,

なぜ原田はこのような替え歌を送ったのだろう。少々奇妙にみえるだろうが、これは彼なりに考えた、先生への励ましの言葉だったのではないか。

幼い頃ひ弱だった富太郎は、植物を追って山野を駆けめぐり、牛肉とトマトの愛用にみられるように食べ物にも大変気を使った。酒を飲まず、タバコも吸わず、常人を超える丈夫な体を作った。頑健さは自分もときに冗談っぽく自慢する男精の維持につながり、花を愛するように女性も殊のほか愛した。

八十歳近くなっても矍鑠（かくしゃく）とし、「老人メクことが非常に嫌い」（『自叙伝』）だから、翁、叟、老などの自称を一切しない。このように若さを意識していた富太郎が、九十歳を境として病に伏すことが多くなる。原田はそこで、共に採集した頃、遊んだ頃、山桜の下での宴など思い浮かべながら、先生を元気づけようと、こんな歌を書いたのではないかと考えられるのである。

十　秋沢（あきざわ）明（あきら）

幼少期にひ弱だった富太郎は、山野をかけ廻ることによって丈夫な身体に変わっていった。極端な言い方をすれば、初老期など、なお頑健さを増していたかもしれない。

その富太郎に衰えが見え、いよいよ人生の終末期が近づいてきたのは、昭和二十八年（一九五三）から。同年正月、流感から老人性気管支炎、また肺炎をおこした。ただこれは、ペニシリン療法によって四月に回復。視力がしっかりしている彼はまだ細密図が描け、むしろ憑かれたように執筆へと向かった。

しかし健康な身体は一年と続かず、翌二十九年末に風邪が悪化してまた寝込む。伏せったままに年賀状は書けたが、健啖の食事はもはや望むべくもなく、三十年正月の雑煮が茶の間での最後の食事となった。

次は、市中にまだ屠蘇気分がただよう正月六日、郷里の佐川から出て来ていた秋沢明の葉書。千葉県松戸市に住む息子の所から出している。

> 先生御病気と承り、御見舞に参上致しましたが、御重症で「面会謝絶」と拝承、御辞退致し、御案じ申てゐますが、其の後の御容体は如何ですか、その中に御伺ひ申ますが、取敢えず御見舞申上げます

医師の秋沢は植物学に関心があり、医業のかたわらで富太郎の指導を受けていた。富太郎が同九年に長期間高知県へ帰ったときも、佐川では真っ先に秋沢邸に寄宿している。ところが、その師が満九十三歳の年を迎えてのっぴきならぬ事態となった。会えなかった秋沢が心配し、松戸に帰ってからすぐ便りを出したのである。

さいわい富太郎は危機をのりこえて何とか越年したものの、三十一年夏頃からまた重篤となり、腎臓疾患と心臓喘息を基因として三十二年正月十八日永眠した。

郷里佐川も悲しみに包まれるのであるが、考えてみれば、小さな芽吹きが生まれつつある。二十二年に佐川文化向上研究会という組織ができ、植物学は秋沢らが顧問となって生徒を指導していた。横倉山や佐川近辺などでの真面目な研究活動が続き、おりにふれて富太郎にも報告されていた。ささやかながらも、若葉の成長へむけての動きが始まっていたのである。

後編

第一章　青雲の志

一　遠藤善之（えんどうよしゆき）

　少年牧野富太郎の天性の才を大きく刺激したひとつに、文部省の博物掛図があった。佐川の名教（めいこう）小学校へきた植物の図四枚を、いつも眺めて喜んでいたと『自叙伝』にある。明治七年（一八七四）、富太郎十二歳のときだ。

　しかし、これは十分な説明ではない。二年程で退校した富太郎は同十年に臨時教員となり、二年ほど同校で働いた。ちょうどそこへ届いたのが同年発行「動物第四」「動物第五」の新しい博物図。共に多色刷りで、四年後に会う田中芳男が撰し、碁盤の目状に仕切った八十一の枠に、個体をリアルに描く点で共通する。

　内、「動物第四」のサブタイトルは「多節類一覧」。クモ、ハンミョウ、コクゾウなど、多様な節足動物が解説と共に描かれる。富太郎はこの図にも目を凝らした。

あれはアトビサリと云ふ、和名のあるもので、これは文部省で明治十年頃に発行になった、多節類一覧と云ふ掛図に出てゐまして、私は明治十二、三年頃に、此図で其名を知ったのです

昭和二十年（一九四五）三月、後学の遠藤善之に送った手紙の一節だ。観察癖のある富太郎は植物、昆虫、何でもじっと見極め、十歳を過ぎた頃から必要と思えば図描化、また文献図を転写したりした。それほど動植物を問わず生物に関心を持つ中で、「多節類一覧」三段目にあるアトビサリという、サソリに似たカニムシのひとつが印象深かった。

漢名を「悪颯（あくそう）」といい、尾のない大きさは三〜六ミリ。「古紙、敗冊、又旧草ノ間ニ棲ミ、他ノ細小虫ヲ捕食ス」と同図で解説されるこの本物を、さほど時をおかずに見たのではないか。もし見たなら、ハサミを持つ長い前足を打ち振りながら、後ろへ後ろへと下がる姿は奇妙に映ったに違いなく、少年富太郎の関心を買うに十分だったろう。

そんな動物を、植物を、研究できる所が東京にある。こうして彼の心は東京へと飛

んだのである。（富太郎は後年のエッセイでもアトビサリのことを書いている）

二　小野職愨（もとよし）

明治十四年（一八八一）、十九歳の富太郎が初めて上京して衝撃を受けたひとりに、文部省博物局の小野職愨がいた。田中芳男の下で博物掛図の植物図を描いており、彼にとって当時最も交流を望んだ人といってよい。

富太郎はこの小野・田中によって、植物学に取り組む厳しさというものを知り、帰県後、土佐の植物の全調査を目指して県西南部へ出かける。かたわら勉強するなかで、分類項目名の「科」（family）を知ったのもこの頃だった。

県西南部への採集旅行はほとんど九月いっぱいに及び、諸所行くなかに柏島（現幡多郡大月町内）と沖ノ島（現宿毛市内）があった。富太郎は翌十五年、この採集標本などに質問書を添え、小野に送っている。たとえば、果実の頂部にときに白点を持つことから、メジロホオズキといわれる植物について、こう異を唱える。

（18）草木図説五綱一目の中、「実ハ龍珠ノ実ニ似テ更ニ大ニシテ、熟シテ紅色頂上一白点アリ、故ニメジロホヽヅキノ名ヲ下ス」と云者あり、此植物は弟子の国幡多郡西南部の地及柏島・沖島に多く生ず、而して図説に載するが如き一白点は無し、故に図説新に下す所の名を以て弟子の図に産する者を呼ぶは、少し妥当を欠くに似たり、而して其土地の方言を聴くに、「イヌホヽヅキ」と呼び、又「ヒヨドリジョウゴ」と称す、甲は龍葵に混じ、乙は蜀羊泉を誤る、共に選で之に命ずるに由なし、然則、此植物は何と称して穏当なるべきや、且羅甸名は何なるや

飯沼慾斎の『草木図説』によったアバウトな解釈に不満を持ったのだろう。文中の「弟子」は富太郎と思われ、すると右の説は小野が言っていることか。

このほか写生図を送った沖ノ島のハカマカズラについては、小石川植物園の草木目録でいうワンジュ、コワンジュのどちらなのかと問うている。

質問は気負いがあってか返答はなかったが、植物学への志が確立した富太郎の真剣さが窺われる。

三　興農書院

植物学に関心を持った富太郎は明治十四年（一八八一）初めて上京し、小野職愨（もとよし）・田中芳男らに会って大きく啓発された。

ちょうどその頃、佐川には自由民権運動の結社・南山社があり、富太郎もこれに入っていた。同社に掘見熙助（てるすけ）という幹部がいて、豪農である彼は高知県から高岡郡勧業周旋係を委嘱されるなど、興農にも熱心だった。そして同年の内国勧業博覧会に出品した若樹桜（ワカキノサクラ）が、小野・田中らの審査で表彰の栄誉に浴している。富太郎と掘見は、植物を媒体とする対人関係でも共通点があったのだ。

その掘見家に、富太郎が十七年に東京・南紺屋町（現京橋区）の興農書院へ出した書翰が伝わっていた。今は高知県立歴史民俗資料館にあり、次のように書かれる。

> 小生、過頃（かけい）以来、数度書状を以て興農書院に関する事件御尋問申候処、其後打絶（うちたえ）て御返報これ無き故を以て、小生に在（あり）ては、右会員之中に列するも、誠に不本意之至りに御坐候に付、今日を限りて除名下され度（たく）、会員同盟証一葉と、株金請取証一枚返上致候間、株金は此者へ迄御渡下され度候、以上

二月五日　　　　　　　　　　牧野富太郎

興農書院御中

富太郎の住所は高知県高岡郡佐川村。東京へ行く「此者」に直接持参してもらったのだろう。

興農書院は、十五年に**『興農叢誌』**第一集を出した出版社。同誌には植物学を専門とする理学博士第一号伊藤圭介の文など、興味深いテーマがみられ、富太郎もそこに関心を持ったのではないか。ところが同書院の経営は会員制の株金を基本としていた。たぶん富太郎も掘見の勧めで応じたのだろうが、何か事件で不信が募り、脱会と返金を求めていることがわかる。

掘見と富太郎の共通点は、まだ二つある。ひとつが共に英語を学んでいたこと。そしてもうひとつがどちらも資産家だったことだ。ここで同書院に出資した理由は、ひとりが興農殖産、ひとりが幅広い植物知識への意欲だったということか。

四　掘見恭作（一）

富太郎が青雲の志を抱いて再上京したのは、明治十七年（一八八四）。東京は明治の昂まる鼓動そのままに、西洋文明が怒涛の如く流れ込んでいた。

佐川では明治初期、幕末の蘭学を下地に義校名教館で英学教育がおこなわれた。富太郎らが結成した十五年の公正社は、その基礎学力を生かして近代科学を学ぼうとするもので、当然、西洋文明の素晴らしさを敏感に感じとっていた。佐川青少年達の間に時代の変化を知ろうとする空気が満ち、最も激しく進む東京を目指す者がいくらも出ていたのだ。

富太郎には上京したとき、二人のつれがいた。そのひとりがたぶん右の公正社の一員だった掘見恭作という若者と考えられ、恭作は前項に登場した豪農掘見熙助の弟だった。慶応義塾へ入塾のため上京して神田猿楽町（現千代田区内）におり、ふたりは変わらず親密な交換が続く。

同年七月三十一日、富太郎が栃木県日光市の湯元、板屋九平方から恭作へ出した書状が高知県立歴史民俗資料館にある。恭作を奥日光に誘うのがねらいで長文はほとんどが東京・日光間の道中模様についやされる。微に入り細を穿つ記述は富太郎の記録癖を物語っているといえ、まずは冒頭を紹介しよう。

小生の乗り込みたる船は、通運丸と称する小瀛船にて、該船は毎日午後三時半、両国橋下より出るを以て、日光山行には此に乗り込むを以て上策とすと思ふなり、是れ此船なれは、日光山へ迄最も近き道を得べければなり
○船の切符は一人に付（野州新波迄）八十銭なり、又船よりは一も飯を出さぬゆえ、預め一度の食料を用意するを要す、此食料は三銭五厘位にて、船問屋にて弁ずる故、此にて整ふれば面倒なる事なし、又履物は麻裡草履にて甚た便利なり、尤も雨天なれば、何か他の者を用いさるべからず

明治十年代になって、東京両国から栃木県新波へ通ずる蒸気船通運丸の航路が開かれていた。富太郎は、時代の先端を走る黒い外輪船の甲板から、江戸と東京がないまぜに見える風景を眺めながら、変貌を遂げつつある日本に思いをはせたかもしれない。

五　掘見恭作（二）

東京から日光までの旅は、文明開化を遂げつつある日本の縮図を見るようでもあった。豊家の子に生まれて教養ある富太郎と掘見恭作ではあったが、刻々と変貌する町あり、逆に何も変わらぬ村ありでは、じっと目を凝らす必要があった。詳細な記録は富太郎の性癖のためだけではなかった。

翌朝六時頃には新波（にっぱ）に着す、船より上れは一の旅亭ある故、此にて朝餐（ちょうさん）を喫すれは妙なり、又、此処（ここ）より栃木の市街までは馬車なく故、歩するに非（あら）ざれば腕車を備はざる可からず、其間相距（へだつ）る四里許（ばかり）なり、道路は余りに潤（ひ）ろからずと雖（いえ）とも平坦なり

江戸時代の高瀬船が蒸気船へと変わった船旅は、一夜にして新波へと着く。船運の要衝としてにぎわう河岸には諸屋に混じって旅宿があり、飯代が八銭。富太郎はそこでの朝食を勧めている。

蒸気船は文明開化のひとつでもあったが、航路沿い陸部では格段の時間短縮となる

鉄道の開通が近づいている。しかし無論まだ走っておらず、蒸気船も新波まで。ここから人力に頼れば人力車が最も便利で、栃木までの一人乗り人力車代二十七銭。食事を終えてすぐに乗れば、午前九時過ぎに栃木へ着くと書かれる。

富太郎はこのように所要経費・時間を細かく記し、また新波で旅亭が提供する道中の宿屋名簿は受け取るように勧めている。宿泊する先がその定約旅宿であれば、全体に厚遇してくれるというのだ。ガイドは続く。

栃木より鹿沼（カヌマ）迄馬車あり、其間其距る六里なり、路は平坦なりと雖とも、其馬車は彼の東京の通りにて見る如き者なれは（鉄道馬車の外に）、石歯の為めに動揺すること甚し、〇時五十分頃鹿沼へ着す

新波・栃木間が人力車だった道中は、栃木から馬車に変わって鹿沼まで北上する。平坦とはいえ、鉄路でなくて石歯の車だからガタガタするぞ、とも忠告している。

二十数キロの道のりを三時間ばかり。馬車賃は三十六銭だったが、一ヵ所ある川を渡るさいは、別に五厘払わねばならなかったらしい。有料の橋だったのか「橋渡なり」

と富太郎は記している。

六　掘見恭作（三）

富太郎はなぜ掘見恭作を日光に誘ったのだろうか。「百聞は一見にしかず」。風光明媚を楽しませようとする気持ちが第一だったようだが、あるいは植物学への関心を抱いてもらいたかったのではないか。

富太郎は、日光を植物採集地としてよく選んでいる。奥日光への道中は植物相の豊かさに満ち、明治十四年（一八八一）初めて上京したとき、その奥日光・中禅寺でニラ様のものを採ったという思い出が自叙伝にみえる。この頃に写したとおぼしき、詳細なゲラ式「晃山全図」が残るのも、日光への高い関心があればこそだ。

道中行程などにほとんどを費やす手紙は、一ヵ所だけ植物にふれる。そのわずかな一ヵ所が手前の日光杉並木街道。

小生は、鹿沼より今市に至るの間五里、腕車を傭ひし、其間道路は広しと雖とも、泥多くして、車夫大に困苦す、其三分の二は老杉の間を過ぐ、小生は、路傍にて

草木の枝葉を採りしを以て、多くの時を費やせし故、此日は今市にて一宿せり

鹿沼から今市まで約二十キロ。杉並木の続く街道を、人力車で少しずつ進む。富太郎は足元を麻裏草履（あさうらぞうり）でしっかりと固め、身はたぶん胴乱と採取道具のみ。路々で標本を採集するため時間がかかり、ふつうなら人力車で日光の中心鉢石に着くところを、手前の今市で足留めとなる。朝、今市を出れば鉢石まで約八キロ。馬車もあるようだが、富太郎は相変わらず人力車を雇っている。採集した標本など、手荷物の多い故ではなかったか。

鉢石にて此日を消し、且つ明朝湯本へ達すべしと決定せしを以て、此日には霧降滝を観る為め行きし郷導者を傭ひて、小生等を導かしめし、鉢石より滝へ迄一里余もあり

東照宮見物は帰路にして霧降滝を先にした、とも記す。これまた植物の観察・採集が第一であったのだろう。彼のはるかな志望は国内全植物の踏査。耀く青年の目が杉

並木で、霧降滝で、南海の四国では見慣れぬ植物を追い求めていた。その情熱を掘見にも知ってもらいたかったのではないか。

七　掘見恭作（四）

最終目的地はもとより奥日光。それも中禅寺湖のさらに北奥になる湯元である。

鉢石より湯本へは其間六里を距（へだ）つ故に、朝、鉢石を発すれは充分湯本へ迄到するなり、小生等は荷物を持せし故に荷負人を一人傭ひ、朝早く鉢石を発せし、一時頃中禅寺に達せし、此処（ここ）にて昼支度をなし、其夕湯本へ達せし

荷負人の賃金九十銭のところ、荷物が五貫（十九キロ）程あったためか、同人から湯元での宿泊料増しを要求されている。身の回り品以外に、やはり相当の植物標本を採っていたためではないか。

その湯元、板屋での宿泊は一日宿料二十五銭に昼支度十銭を加えた三十五銭。安くもできたが、富太郎はこの金額で約束していた。滞在は十日前後に及び、相当の収穫

があったであろう。

ロシアの国立科学アカデミー・コマロフ植物研究所に、同国の研究者マキシモビッチへ富太郎の送った標本が残されている。

中に、関東・中部地方の深山にみられる希少植物、イラクサ科のヒカゲミズ、山地の沼・湖水に生きる沈水性の多年草、ヒルムシロ科のセンニンモがある。いずれもこの年に富太郎が採ったもので、仙人藻をいわれとする後者は特に八月、この湯ノ湖での採集とわかる。

湯ノ湖は湯元にある神秘の湖。富太郎はその湖畔近くの老舗の温泉宿・板屋に泊まり、連日、山を、谷を、原野を、池沼をと駈けまわっていた。


景色は奥へ入る程奇となり幽となる、（中略）君よ、若し来るなれは早く来れ、其快味は来後始めて之を知らん

手紙はこう結ぶ。青雲の志に燃える富太郎の誘いに対し、四歳下の掘見恭作はどう答えたか。

この年、やはり佐川から上京していた堀見克礼（かつひろ）という十七歳の少年が、郷里の友人へ出した手紙がある。向学に燃える青少年の意気振りを伝えたもので、自分より年下の者が苦もなくドイツ語を読み、自分は老人のような心地だ。富太郎も佐川のときとはおもわくが違っているようだ、と記す。富太郎もまた、未来を志望しながら苦闘していたのだ。

八　林虎彦（一）

富太郎はその後も、郷里の佐川と大学のある東京間を行ったり来たりしていた。帝大理科大学の教職員であるわけでなく、東京が飽きると佐川へ帰り、佐川が退屈になるとまた上京する。明治十七〜十九年（一八八四〜六）の頃で、そうこうするうち二十年には祖母浪子が亡くなった。家業の放置はならず、どちらかといえば、より佐川へウエイトを置かざるを得なくなった。

しかし、富太郎とマキシモビッチとの交流は同十九年頃に始まっており、日本人による日本での最初の学名発表として、富太郎の名を世界に知らしめるヤマトグサの研究も進んでいる。仲間と相談した『**植物学雑誌**』は二十年に生まれ、雄大な日本植物図鑑の構想も脳裏にある。同大学植物学教室への出入りを許されている富太郎は、もう国内第一線の研究者となっていた。

この頃の富太郎は一言でいえば、身は佐川、心は東京といえる時期だった。二十一年三月十八日、その佐川から富太郎の出した手紙がある。所蔵は佐川町の故水野進。宛先は「土佐郡高知九反田、海南学校、林虎彦様」で、林家はもともと土佐藩筆頭家老深尾氏の家来だった家である。

林は十四年、佐川で自由な学術研究をおこなうことを目的に設立された、同盟会に属していた。公正社・佐川学術会と名が変わる間も脱会せず、富太郎とずっと属し続け、たがいに気心のつうじあう仲間だった。富太郎はその手紙の冒頭で、いきなり揺れる心情を告白している。

未夕(いま)東京ヨリ一切スッパリ帰ルノ運(はこび)ニ達セサリシ

生国の佐川に定住する覚悟のようにみえながら、東京でやり残した仕事にかこつけ、やはり東京への未練を断ち切れないことがわかる。心の内を正直にさらけ出すことのできる林に、さて、富太郎が記す本題は何だったのか。

じつは、重い進路相談といったものではなかった。林は富太郎に、帝大理科大学で使われている植物標本棚と整理方法という、技術的なことで問い合わせていたのである。

九　林虎彦（二）

御手紙　恭ク拝見致シマシタ、然レバ乾園、即チHortus Ciccusノ事ニ就キ、記憶ニ存スルマヽヲ左ニ申シ上ゲン

林は、前編第二章十で紹介した土居磯之助同様、高知の中等学校である私立海南学校（二十二年に県立移管）の教壇に立っていた。採集した植物標本をどのようなかたちで保存すればよいのか、容器など教えを受けて造作する考えだったらしい。

富太郎は特段、採寸などしていないことを残念がりながら、大学で用いるラテン名Hortus Ciccusこと、「乾園」と訳されている棚式の標本ケースを詳しく解説する。一基三十円ほどだったと聞く、ケヤキ造り、高さ二メートルを超えるかとおぼしきその

ケースを、密なる図をまじえながら次のように書く。

大学ノ乾園ノ広サハ、広サ（即チ巾）九寸五分ノ標本紙四枚ヲ、平布スルニ足ルノ大サナリ、其四枚ノ間ニハ、各々隔テアリ、即チ一函中ニ四行ノ小棚アルナリ、是ハ其高サニ称ハサレバ可笑キ事ナレバ、高サヲ一間トスレバ、或ハ三行ノ棚トシテモ宜シカラン

又、深サ（奥行キ）ハ、標本紙ノ一尺四寸ノモノガ入ルナレバ宜シ、其棚板ハ、各々其函ニ固着セザル様ニ製スルナリ、何トナレバ、其板上ニ置ク標本ノ多少ニヨリテ之ヲ入レ換ユル様ニナサヽレバ、往々不便ヲ感ズル事アル故ナリ

踏み台の煩わしさを避けるため、富太郎は、高さは一間（百八十一センチ）ぐらいがちょうどと勧めていた。棚板に乗る標本紙には同種のものを集め、すなわちその一属として纏められる折り返し厚紙に挟まれた標本は、当然、厚薄に違いを生ずる。そこで入れ替えできる棚板でないとだめだというのである。

緻密な観察・描画に優れた富太郎は、ここで棚の内部構造と乾園全体の図を描く。

そして、最下部が引き出しになっている意味について、ひとつは体裁、ひとつはそこを標本棚にすれば標本を折傷する、と述べる。用材の楠の推薦など、まことに手取り足取り、かゆいところまで手の届く教示だった。普及という牧野式植物学の一特長が、はや出始めていたのだ。

十　林虎彦（三）

助言はこれだけではなかった。

凡ソ標本ハ花果ヲ有シタル完全ノモノヲ良トス、此標本ヲ貼付スルニハゴム紙ノ小帯ヲ用ヒ、其紙上ニハ必ズ一種ヲ限ルヲ法トス、葉ハ成ルベク裏ヲ出ス様ニスルヲ宜シトス

続いて標本台紙の大きさ、同一種を纏める属表紙の厚手折り紙のことなど、きわめて具体的に、かつ、なぜそうかという理由まで記す。

極め付きがラベルである。学名、和名、産地・年月の三欄にわかれる人学の見本と

別に、富太郎が考案して用いる、学名、和名、産地、採集日、採集者の五欄にわけたラベルを同封し、注意事項を記す。

附箋ハ必ズ標本ノ右ノ下隅ニ貼スベキナリ、此附箋ノ中ヘ科名ナドヲ記入スルハ、不体裁ナルノミナラズ、且ツ無益ナル事ナリ、殊ニ科ハ人ニヨリテ其名ヲ同シクセサルアリテ、例ヘハミカンハ橘橙科トスルアリ、又ハ芸香科トナシテ此ニ合セタルアリテ、一様ナラズ

科名書き換えの必要が出てくるし、なにより科名は棚板の前面に書かれているから、そこに入れればよろしい、と説くのである。

また虎彦は富太郎と違い、理科全般について教えねばならぬ。標本は植物だけでなく動物もあるから、海南学校のラベルを見た富太郎は次のように改善を勧める。

右ノ如ク大ナルモノヲ、一切ノ動物ニ通用スルハ、到底出来サルベシト思ヒマス、如何トナレバ、甲虫ナドノ微虫ハ最モ小キ附箋ヲ製セサレバ、甚タ不便ナレバナ

リ
獣類の大サイズ、化石・鉱物を含めた小サイズの、二種類にわけよと教えるのである。
先ハ右御返事マデ、遅クナリテ御待チ遠、左様ナラ

手紙はこれで終わる。どうだろう。何か、この手紙は東京で書かれたような錯覚に陥りはしまいか。洗練された最先端の植物標本の保存・管理を説く本状は、そのまま富太郎の心が東京の大学にあったといってよい。志をもつ彼が佐川に理学会を創ったのはこの年だった。

十一　林虎彦（四）

前項で述べた海南学校のラベルは、結局、富太郎が引き受けたようだ。そのことを記す明治二十一年（一八八八）七月付の富太郎の手紙があり、文は関連して同校生物学の発展を期待する。そしてその後、林にとってはなはだ刺激的で得意満面気にみえ

る、ある一件を述べて終えている。

佐川の故水野進が所蔵した本状の、歴史的ともいえるその部分を紹介しよう。

学校ノ標本ヲ採集スルト同時ニ、少シ余分ニ採集シテ、之ヲ露国ナドへ送リ、名ヲ聞ケバ宜シカラン、生ノ送リタル植物中ニ、マキシモヰッチ氏ノ命名ニ係ルSedum Makinoi Maximアリ、生ノ名ガ付ケアリタル故ニ、鬼ノ首デモ取リタル様ニ大喜ビニテ申シ上ゲマス

同十九年頃の帝大理科大学植物学教室は、学名を付けるのにロシアのマキシモビッチを頼っていた。自然、富太郎も教えを求め、数年間で送った標本数千。マキシモビッチは、うち八十種近くの標本を新種としたという。右の手紙は、この中で翌二十年七月に送った五百七点の標本中、次の一点にかかるものだった。

富太郎は、山地の岩場に生える可憐な多年草である、丸葉に黄色い花を咲かすマルバマンネングサの標本を入れていた。十八年に土佐佐川で採集したものだ。マキシモビッチはこの花を新種と認め、Sedum Makinoi Maximの学名を付け、一八八八年（明

治二十一）の学術雑誌に発表したのである。

Sedumは岩に張りつく様をあらわすラテン語。ここからマルバマンネングサなどベンケイソウ科の属名となった。マキシモビッチはこのベンケイソウ科新種の学名に、富太郎と自分の名を入れたのだ。

富太郎にとっては跳び上がるような快挙で、自信をつけた彼はこの後、一段とグレードアップして活躍しだす。『**植物学雑誌**』に続く各種植物図編の刊行もそうだが、なにより翌二十二年、みずからヤマトグサに学名を付けて学会を驚かすのが大きい。

しかし、この手紙を書いた時点ではまだそこまで考えていなかった。だから学名に自分の名が付けられただけで、「鬼ノ首デモ取リタル」気分になったのである。

十二　林虎彦（五）

富太郎は佐川にいた頃、明治十四年（一八八一）の「同盟会」以下、「公正社」「佐川学術会」のいずれにも参加した。正確にいえば、ただ会員というだけだった同盟会と違い、公正社、佐川学術会では主宰者のひとりだった。これは折りにふれて述べてきたところで、読者はポリティクスとサイエンスという、一見、異質な双方の世界へのかかわりを不思議に思われるかもしれない。

しかし富太郎は、維新直後に成された旧制打破を見、続く新思想のリベラリズムを知っていた。科学の発展は、自由と権利があってこそであることを深く知っていた。本来の目標である科学の世界への関心について、専門領域とする植物学に限定されるものでないことは、ある意味、当然のことだったのである。

高知県立牧野植物園に、同園が二十一年（一八八八）とみる、九月十八日付の林虎彦宛書状がある。東京から出したものと判断され、理科全般を教える林への助言を記す本状は、同時に富太郎自身の地理学への関心を示す。


兄は地理学を御教授なし居るや否や、生は地図の良きものを見し故に之を報ずべし、そは他にあらす、農商務省地質局にて出版せる地形図幅是なり

十一枚出ている図は一枚三十銭。東京近郊はもとより、関東一円から西は駿河まであり、富太郎は明解な描法に何より注目した。

山は（等高線図を例示―筆者注）にて画きたるを以て、何処の辺が峻嶮な地か平夷（易）なる地かは、直々分るなり、又、川や都会なども極めて分明なり、若しも此図が一切出来るに於ては、それこそ無上の地図と申すべし

別に、もっと広範囲な概括図である「大日本地形予察図」が東北部のものから出始めており、これまた等高線図法で描かれる。他の図もあわせ、素晴らしさに感動した富太郎が素直に林へ知らせたのである。

地理学に興味をもつ富太郎は十四年頃、毛羽式による精緻な日光山図を転写していた。メルカトール図法に一脈通ずる「罫画撮要」を少年の頃に写すなど、彼のこの方面への関心は早かった。それが、領域幅が広く、かつ理学教育に燃える林への教示となって表れたのだ。

十三　林虎彦（六）

富太郎はこの地理学への関心でもわかるように、地質学、化石学、地震学、動物学など、理学全般に興味をもっていた。佐川理学会の中心人物となった所以である。

手紙はさらに続き、高知・佐川の教育者について、「八先生」別名「八方美人先生」、そして佐川の大先生こと伊藤蘭林先生の風聞にふれる。

その蘭林は名教館（めいこう）時代から大儒（たいじゅ）として尊敬され、漢学・国学を教えてきた。維新が成って鉛筆が佐川に伝わり、あるとき、富太郎らの前で三徳（口が三つある袋）から取り出して見せた。

これはベンシルと云って、唾で嘗（な）め濡して書くものである、と言はれた、ペンシルをベンシルと云った事が、漢学の大先生丈けあって何んだかおかしかった

（「牧野富太郎佐川町史原稿」）

英語を学ぶ大方の生徒は、ペンシルの言語発音を知っていたのである。右の手紙は新地図紹介のあと、この外国語向上の大切さについて自省をまじえながら説いている。

学問界、中々棲息するものは、今日にては原語の必用は申すまでもなき事ながら、たゞ書物の読める位にては事足らす、自ら文を属することが出来ねば、到底（とうてい）、日

新の学問界へ這入りて、一通り並のものになること六ケ敷次第なり、生は近頃、
我学問の浅薄なるより、頻に此点に感あり、直接に刺衝の点に当ることなれは、
此欠点を充さんと欲するの念慮は、不断生が心頭を苦ませり

富太郎は東京での活躍の場が高くなるにつれ、これまで以上の努力が必要となった。彼は確かに義校名教館で英語を学んでいたが、その力は学問的な文を書くほどまでには至っていなかった。『**植物学雑誌**』を創刊した彼には、おのずとハイレベルの欧文知識が要求され、しかも、まわりには大久保三郎、池野成一郎ら語学に堪能な人が多い。苦闘する富太郎は幼馴染の学友・林に、覚えずおのれの苦境を吐露したのだ。林との交流は、青雲の志に燃える富太郎の、心のオアシスだったかもしれない。

十四　林虎彦（七）

牧野植物園が明治二十一年（一八八八）とする、十一月二十一日付の富太郎書状がある。これまた高知の海南学校へ奉職する林虎彦に送ったものだ。

二千字を超えるかという長文の内容は、文末に『**動物学雑誌**』の発行にふれるほか、

すべて植物学の話題で一貫する。自信に溢れた内容で、先ずは国内植物学の発展について、次のように満足の意を表す。

> 近来、諸学科之漸く盛大に赴くの勢あるは、誰とて之を誣（そし）うるものなく、我植物学も之に連れて次第に進歩するは、此学に従事するものの、甚愉快に感する処なり、今、日本にて何の地に最も其発達せるを見るかと云へは、先つ指を東京に屈し、東京は即ち大学を推さずんばあらず

東京には、江戸幕府の設けていた小石川薬園、昌平坂学問所、蕃書調所の歴史があり、かたわら、この頃の大学は国が東京に設立した帝国大学のみだった。植物学もこれらの幕府遺産を引き継いだ、帝大理科大学が最高であるという。

しかも、大学はもとより古い学風にとらわれず、新しい西欧の学問体系を導入する。富太郎は生気に満ちた表現で、ドイツ流植物学の流入を喜ぶ。

> 近来、独乙（ドイツ）流の学風、次第に我邦に輸入せられてより、植物学上生理学・形体学・

組織学は、漸次に発達するの見込ありて、現に大学にても、過日、松村助教授之独乙より帰朝せられて以来、甚だ生色あり、此之如き勢なれば、卜の生理学等は次第々々に進歩して、中には洋人に匹敵する程の学者も、追々に出て来るならん

同大の植物学教室は、アメリカのコーネル大学に学んだ矢田部良吉教授の指導下にあった。助教授を務める大久保三郎も同国ミシガン大学に学び、またイギリスでも励んだ。全体に米英風といえただろうが、これが次第にドイツ風に変わってきたらしい。分析・解剖をより重視するようになったということであろうが、その傾向をいっそう強くしたのが、ドイツに留学してユルツブルグ大学ならびにハイデルベルク大学に学んだ、松村任三（じんぞう）助教授の帰国だったというのである。

十五　林虎彦（八）

しかし、富太郎にはひとつの大きな不満があった。十一項で述べたように、この年七月、ロシアのマキシモビッチは富太郎の送った標本の新種ひとつにMakinoiの学名表示をした。同時に送付した他の標本の中からも新種を認めるなど、富太郎の学問の

方向に誤りのないことを裏付けるものだった。
富太郎個人としては順風満帆、昇り龍の時といえる時期ながら、じつはその故にこの日本の学問分野への不満、すなわち分類学が不十分であるという不満があった。

たゞ此一方にのみ偏進して分類学の発達を見さる様のことありては、不都合の極と謂はさるべからず、又此分類学に伴ふて此不明なる日本植物の調査を等閑に附することありては、尚更欠典の処ありと謂ふべし

日本はまだまだ近代的な植物分類学が確立・普及しておらず、その研究にあわせて植物相の調査をも急がねばならぬという。

英国なり、独乙なり、合衆国なり、仏国なり、自国の草木（フロラ）は一も残らず之を調査して成書ありと雖とも、日本は然らす、本来数部の本草書、西洋人の著したる草木書ありと雖とも、日本の本草書は不完全最も甚だ敷、西洋人の編したる日本植物書も亦欠ぐる処多し

地方での植物採集が盛んになるにつれて初見の植物も多くなり、文献に載らないものは数え切れなくなってきた。

此之如き姿なるにも拘はらず、未た一人も此等の植物を図説して、世に出す人が日本にこれ無きは、種々の事情もあるべけれども、甚た遺憾の至と申すべし

富太郎が初めて上京したのは、満十九歳だった明治十四年（一八八一）。十七年から大学の植物学教室に出入りしだしたが、植物相の調査の実態をみてみるに、「極めて感服」（同状）するというほどのことがない。一致共同してこれを達成するべく、意を嘱するほどの人がいない。

しだいに昂揚していった富太郎の文は、一段とエキサイトして具体的な人物批判へと変わり、周辺にいる研究者を一人一人攻撃的に論評しだす。天然児といってもよい、自らの立場を深く考えぬ表現が続いて展開されるのである。

十六　林虎彦（九）

まず、助教授松村任三をとりあげた。植物分類学を専門とする人で、英語を学んでいる彼は明治十九年（一八八六）ドイツに留学し、この年に帰国した。ところが帰国すぐの頃は植物解剖学を専攻し、分類学に少しも取り組まない。

のちに富太郎と激しく対立する人だが、この頃は憎みあってもいないし、富太郎の出した**『日本植物志図篇』**第一巻第一集を激賞してもくれる（後述）。そこで、括弧書きで静かに記している。

（松村先生は分類学の師とすべき人なりしが、独乙(ドイツ)帰朝以来独乙学風の人となりしを以て、今は独乙行前の同先生にあらす）

次は誰であろうか。複数ともとれるが、「の人」の表現、また大久保三郎助教授がこのあと登場することを考えれば、青長屋三人の一人、矢田部良吉教授ではないか。

博物局流儀の人は沈睡(ちんすい)して一事の成るなし、「ロートン」の「エンサイクロペーヂヤ、オブプランツ」をアチコチとひねくり廻すの外、敢て出来たる事なし、なんぼ此書をひねくり廻したとて、つかれの分りたる話なり

本は英人ロウドンのEncyclopaedia of plants（一八二九刊）。二年後、富太郎が国内でムジナモを初めて発見したとき、学名を植物学教室の書物から探し出してくれたのが矢田部だった。そしてこの後、富太郎の同教室での書物利用を禁止したのも矢田部だった。もし矢田部を指していたなら、富太郎はこの頃から「競争対手（あい）」（『**自叙伝**』）としてしか彼を見ていなかったことになる。

理学博士第一号の伊藤圭介はすでに老い、彼には篤太郎という英国ケンブリッジ大学帰りの優秀な孫がいたが…

眼中に人なき有様にて、時々蹉躓（さち）するとあり、寄附（よりつ）くべからす

伊藤篤太郎はよく教室に出入りしていた。その彼がこの頃、トガクシソウの学名権をめぐって矢田部との間に問題を生じだしていた。文は、この「破門草事件」の始ま

りをいっているのではないか。

批判は続く。富太郎は、気心が合っている筈の助教授大久保三郎さえ遠慮しなかった。

十七　林虎彦（十）

大久保氏は、大学にありて分類的の事を重々担当する様になり居れども、近来、同大学の標品中には其名称と其排列に、多くの誤謬（ごびゅう）を見出するを得るに至り、何故に同氏は、斯（か）く品物を識別するの明を欠ぎたるかを、疑はしむるに至れり

個々の分析ならともかくも、植物標本の分類という基本的な作業が、大久保にとっては得意でなかったらしい。富太郎はそこが気に入らず、少し密な知識のある初学の人がこれを見れば、たちまち疑いを持つようになるだろうという。

先（十五）に述べた大学での分類学研究が不十分という不満は、つまり教室にいるこれらの人々の、分類学への熱意不足あるいは力量不足とみている故だったのである。

こうして富太郎は自著への決意を告げる。

　今、此く頻々(ひんぴん)新種の出る場処に当り、且つ此れ迄の本草諸図も余り感服なきよし、更に完全なる日本の草木書（フロラ）を編するは、甚た有益に甚た必要なりと思考するより、小生は我が無学をも顧みす、之か著述の任に当らん事と、小生が一生は其心身を之に委せん事とは、小生が数年来よりの希望にして、漸く此に其着手の期を得、其図は第一集を発兌(はつだ)するを得るに至れり

遠大な目標は日本植物誌の完成にあり。富太郎はその第一号として同年十一月十二日、宿志の『**日本植物志図篇**』第一巻第一集を刊行した。本状に出てくる松村任三助教授は特に書評を寄せ、富太郎をして、日本に日本の植物誌を著すべき唯一人、「本邦所産の植物を全璧せんの責任を氏に負はしめんとするものなり」（『**植物学雑誌**』二巻二十二号）と述べた。

富太郎にはその第一集文末にあるように、論文編の構想もあった。しかしこれは後に回し、まずは図編一冊目を誕生させたのだ。本状の高ぶる文体は、苦闘の末に生ま

れた珠玉の一冊を手にしたばかりだったからなのである。

それでも富太郎はまだ言い足りなかった。

十八　林虎彦（十一）

手紙は続く。

富太郎は、矢野という人が、高知県の安居村（現吾川郡仁淀川町安居）で採集したシダについて、たとえ葉一枚でも送って欲しいと願う。代りに土佐にない標本を送るというが、なぜこのシダにこだわるか。箱根で採ったシダにWoosie（d脱カ）insularis Hanceがあり、これはフランスの植物学者フランシエとサバチュの共著にみえるW, ilvensisに酷似する。土佐のシダはその「乙種」（同状）かもしれぬから、ぜひとも欲しいというのである。

それもこれも、一種もらさず、完璧な土佐の植物目録を作りたいと考えているためだった。ただ人にうらやましがられて喜びたいのではなく、広く世に知ってもらいたいからだとも。富太郎は熱く説く。

未だ地方植物（ロカール、フロラ）書の編成なき今日、其模範を示すは甚た必要の事なれはなり

だから手を広げて助けを求めることも止むを得ず、このようにうるさく頼むのだと。

ところがここで、富太郎はまた性根が出た。

或人の如く、我採集したる植物は何処迄も我所轄（其採集して蔵したる標品の謂にあらず）なりとて、他人の之に干与するを屑とせざる得意者には、到底斯の如き希望は属すべからざるなり

「或人」とは誰だろう。想像にすぎぬが、あるいはやはり矢田部良吉教授か伊藤篤太郎で、植物の所轄云々もトガクシソウのことをいっているのか。

トガクシソウは、矢田部から標本を送られたマキシモビッチによって、Yatabea japonica Maximの学名が考えられていたが、伊藤は先行してPodophyllum japonicum T.Ito、次いでRanzania japonica T.Itoの学名を、ロシア（代理）とイギリスの学術雑

誌に発表した。採集した植物の学名先取権をめぐる騒動の始まりであり、伊藤の学名が優先するこの一件を指しているとみるのは、考えすぎだろうか。

このように学会・学者の批判を織り交ぜながら、富太郎は最高の植物分類学を目指す志を熱く林に語った。林もまた若く気心許す理科学教師だったからこそで、この頃のふたりの眼は共に輝いていたに違いない。

第二章　愛しの妻子

一　寿衛（すえ）

富太郎は、帝大理科大学へ人力車で通っていた。その途次、菓子屋で店番をする美しい娘に惚れ込み、毎日立ち寄って菓子を買い、ついに射止めたのが寿衛（すえ）だった。表向き富太郎二十八歳、寿衛十七歳の明治二十三年（一八九〇）だったという夫婦同様の生活の始まりが、実のところ、もっと前から同棲の形で始まっていた。

寿衛が子供三人と写した同四十年頃の写真がある。晩年と異なるふっくらした頬は色香に富んだ魅力に満ち、遠くを見詰める眼差しは男心をくすぐるような神秘性がある。三十余歳にしてこのような彼女が、共にしだした頃どれだけ可愛い女だったのか。

次は大原富枝の『草を褥に』で明らかになった、二十六年五月に寿衛へ宛てた富太郎の消息である。長女園子を失って四ヵ月（次項）。次女・香代と淋しく家を守る寿衛を、心の底から愛しく思っていることがわかる。

小生の留守中は、決して他人に逢うてはいけない、又、他人の言う事を聞いてはいけない、何処へも出ない様にして、小生の帰京を待ってお出よ、中村などが来ても決して逢ってはいけない、誰が甘く言うても、うっかり其の口にのっては仕損じるから、何処から何んと言って来ても、決して取り合うてはいけない、されば、わしが呉れぐ〳〵言っておくの、決して忘れててはならない、又、わしが留守だからと思って自分気ままに内（家）を出たり、また人に逢ったりしてはいけない、（中略）宜しいか、合点がいったかえ

元士族の娘として生まれ、東京でも広大な邸宅で育った寿衛は、踊りや唄こそ習え、世間ずれしているわけではない。まだ人とのかけひきなど思いもよらず、富太郎は幼さを残す寿衛がだまされるのを心配した。そこで小利口な人物に会わぬよう説き、送金した金も信頼する男性に取りに行ってもらうよう勧める。最後は、やさしくいたわるのである。

高知へ着いたらまた手紙を上げる、寿ちゃん、さむしいかへ、これも少しの心ぼ

うだわ、お香代をよく気をつけてやって頂だい、おまへも身持なればからだが大
　事だよ

二　園　子

富太郎が『**自叙伝**』で明治二十三年頃とぼかした寿衛との同棲生活は、実際は何度目かの上京となった二十一年初頭から始まっていた。
前項の寿衛に宛てた二十六年五月の消息に記す。

　今より思へばホトンド五年の昔なり、その時と(数字消滅)とはどれほど違うか、
　その時はマダ一人も子供はなく（おまへはおそのをお腹へもち居りたれども）

同郷出身者の部屋を間借りしていた富太郎は、根岸の御院殿跡（台東区）に離れ家を借り、ここで恋女房との愛の巣を営んだ。すでに寿衛は妊娠していたか、あるいは根岸に来てからか、ふたりの愛の結晶である長女・園子の生まれたのが、二十一年十

月だった。

猶との間に子のいなかった富太郎は、園子をことのほか可愛がった。溢れるほどの愛情をそそぎ、三つばかりに成長した頃、妻の寿衛が長期にいなくなっても、富太郎は懸命に面倒をみたらしい。

入れかわって、今度は富太郎が帰郷して不在のとき、病気がちの園子が淋しがって父を捜しだす。

「父ちゃんは?父ちゃんは?お国か、すぐお帰りか?」

しつけを守るそんな園子にいっそう愛しさが増すが、如何せん貧苦のあまり、彼女はやせ細って二十六年正月、満四歳にして旅立った。

富太郎は、金が無くて高知県の立川村(現長岡郡大豊町内)で足留めになったとき、彼女を思い出さずにはいられなかった。先の便りに書かれる。


山の中の淋しき処へ行くと、尚更おそのの事が思ひ出されて、日に幾度も泣いておるの、東京を出て一番(消　　滅)出づるものはおそのの事にて、もういつまでたってもおそのには逢われない(消　　滅)と悲しく、ただおそのの顔が目先

へチラック様で、もうもう実に涙が目（消　滅）事度々なり、おかよの事も思
ふけれど、おそのの事はいつも忘れる事出来ず

文字が消えているのは涙のためであろう。書いた富太郎の涙か、それとも読んだ寿衛の涙か。いずれにしても、園子を思う父、そして夫・富太郎の、わが子・妻への深い愛情がよくつたわってくる。

三　玉　代

富太郎は明治四十三年（一九一〇）東京帝大理科大学を罷職となり、二年後の大正元年、同大講師に復して月給三十円となったものの、生涯それより肩書を上げることはなかった。

生活は苦しく、みかねた池長孟の支援によって一時は解放されても、根本的な改善ができたわけではない。次に紹介する葉書の同十三年（一九二四）時点では、子供も男女七人がいた。しかし、すでに実家を離れていた子もあった筈だし、なにより全国に牧野ファンの増えたことが、彼の研究の大きな助けとなっていった。地方の採集

会などに講師として招かれ、その謝礼を活かしてまた旅行を楽しむというようなことができだした。

葉書は十二月十五日の夜、伊勢から可愛がる六女（生存では四女）の玉代に宛てており、次のように書かれる。

十四日に出した玉代さんの手紙が、今日十五日に着いた、クリスマスの品物、此地には大したものはないが、何か見つくろって送りましょう
又、此地の用事がすんだら、大急ぎに帰りましょう、かーさんがからだがわるいから、大事にして上げて下さい
一っときも早く帰れと子供等が、矢のさいそくでオヤヂまご〱
ノンキなトーサンから

このときの玉代十四歳。親子の書信交換が頻繁にあったらしく、四日前に出した玉代の通学ぶりを楽しむものもある。

富太郎は十月三十日に東京をたって伊勢入りしてより、十二月二十日過ぎまでの

五十日間程その地にいた。伊勢神宮外宮(げくう)・内宮(ないくう)での植物調査と採集、また生徒らへの植物指導のためで、神宮司庁技師や小中学校教員、村長等々どこでも歓待されている。

そんな中で留守宅にいる妻寿衛の身体は、すでに病魔に侵されつつあったのではないか。亡くなる四年前の彼女はこの頃、大泉村（現練馬区内）の居宅新築に向けて懸命に奮闘していた。音信は、植物に没頭しながらも妻の身を案じ、そして、目に入れても痛くない末娘玉代への、子煩悩な父富太郎の姿が窺える。

四　巳代・玉代

富太郎と寿衛には十二人の子供が生まれた。死産まで含めれば十三人。内、元気に大人となるまで成長したのは、半分の二男四女だった。亡くなった子が多いほど、生ける子供への愛情はいっそう強くなっていったに違いない。

しかし子供への手紙も先の少女玉代に書いたような表現から、次第に落ち着いた大人の表現へと変わってゆく。それだけ子供達は立派な父思いの大人へと成長したのである。

次は、昭和四年（一九二九）九月十日、岩手県宮古町（現宮古市）の照安旅館に泊

まる富太郎が、大泉村の自宅にいる巳代と玉代の二人の娘に送ったもの。このとき巳代二十四歳、玉代十九歳だった。

昨九日、早池峯（はやちね）の山の中より出で、、十五、六里の山の間の川に添ふたる道を、自動車でとばし、陸中の東の海岸なる宮古の港に着きたり、今日は港の外なる半島の地へ渡り、其処（そこ）にて三日居り、それにて今度の採集は終りとなる、七日に早池峯の高山に登りて頂上に達し、日暮れて暗き山路を下り、午后八時に舎宅に帰った、此山は二十年前に加藤子爵と登りし山である

からだいとすこやか、一行中に七十八歳で早池峯に上りし人あり、達者なものである

富太郎はこの月、岩手県の植物採集へと行った。営林署の人々や、盛岡高等農林学校教授内田繁太郎らの歓待を受けたもので、内田は笹の研究で有名になる人だ。

盛岡に到着した富太郎は区界から門馬（かどま）、早池峯と向かい、高山植物の多いこの北上高地で数日過ごす。文中の「舎宅」はその営林署舎宅だ。そして九日に舎宅を出た彼

は宮古・白浜・重茂（おもえ）と、一転、宮古から重茂半島の海岸線を調査した。

子爵加藤泰秋との思い出をまじえながら、富太郎は、かく、静かに愛娘達に旅の報告をしていた。言い換えれば、一定地に長期滞在の時には、娘達も便りを出していたということである。それもこれも前年、父が、子供が、大切な妻・母の寿衛を失っていた故に、いっそう濃密な親子関係を築いていたからといえるかもしれない。

第三章　寝ても覚めても

一　寿衛（一）

「草木の博覧を要す」「跋渉の労を厭ふ勿れ」。

青年時の富太郎が、「赭鞭一撻」に記した信念は生涯一貫した。機会さえあれば標本採集に旅し、持ち帰った植物は徹夜を当たり前のごとく必ず標本化する。家の中は膨大な本のかたわら、蔵やら部屋やら標本で埋めつくされていた。

富太郎の植物への思いは強く、その生き様は自身がいう「植物の精」よりも、私は闘いの意を含めて「執念の植物学」とよびたい。

執念は妻・寿衛にも伝わった。流行の帯一本買わず、ひたすら富太郎につくす寿衛には、出張先から送られてくる植物の乾燥が常に要求された。

次は、明治三十六年（一九〇三）八月三十日、栃木県日光赤沼ノ原らで採集活動を続けている夫から送られてきたもの。

> 本日、鉄道便にておしばの生がわきのものを送りたり、とう着せば直ちにおし紙の間へ一枚づつ入れておしをかけ置き呉れたく、又、時々おし紙をかへ置き呉れたし、
> 右は此地にておし紙が不足せし故、止むを得ず生かわきのものを送りたれば、前記の通り取りはからひ必要なり、又、おし紙が不足する事あれば、えんがわの南の方のもの最早や乾き居るべければ、中のおしばを出してその紙を遣ふても宜し、おもしの上げ下し余程注意せねばけがをすべければ、精々注意すべし、又、紙を時々日に乾かして取りかへられたし

富太郎は九月五日、また鉄道速達便で生標本を送り、「古新聞紙不足すれば買ひ入るべし」と指示している。

寿衛が富太郎へ送った手紙の中に、朝晩押し葉の紙を換えるが、紙が足らなくて困ると嘆いたものがある。雨が続けば紙の乾燥がならず、晩年を知る三女・鶴代によれば、雨天時には七輪に炭火を熾し、鉄の棒を熱して煎餅のように紙を乾かしたという。植物への執念は家族にも要求されたのだ。

二　カーネギー研究所

富太郎は明治三十八年（一九〇五）十一月十八日、アメリカにある科学研究支援の財団法人カーネギー研究所に、植物研究への助成を願う書翰を認めている。

当時の東京帝大理科大学植物学教室は理学博士松村任三教授の指揮下にあり、附属植物園々長でもある彼の権限は大きかった。一介の助手にすぎぬ富太郎の立場は弱く、初めは富太郎の業績を絶賛していた松村が、同じ分類学を専門とすることなどから目の敵にしだし、最後は激しく嫌いだす。

「左の手では貧乏と戦い右の手では学問と戦い」（『**自叙伝**』）という富太郎が、食べるため、子女を養うため、何より研究を行いたいために認めたのが、この書翰だった。

竹は、植物の中でも最も興味深いグループとはいうものの、系統だった研究が極めて困難なひとつです。大多数の竹はごくまれにしか開花せず、実際に、それらのいくつかは二、三十年毎にしか開花しません。

富太郎は著書で、イネ科に含まれるbambooについて、二十二属に分けたあと四族に大別すべきを提案している。竹は緯度によって開花の有無に差があり、国内に限っても容易に花を見ぬものがある。花の形も大別され、そこで四分類すべきだと。

書翰は、この日本における竹の種の多さと、二十年間にわたる自身の竹研究を記したあと、しかし時間と資力が無いと訴える。

> ですから、竹は日本の各地でごくまれに開花しますが、資料を得る交通費は、私がまかなえる範囲を超えています。
> もし千ドルあれば、資料をよりどんどん得ることができ、研究に私の時間の殆どが専念できるようになります。
>
> （松岡亜湖と共訳）

そして約三百ドルは交通費など、「約二百ドルは当座の生活のためにしている、非科学的な仕事をやめるのに必要」で、そうすれば研究が全うできるとする。

富太郎はいくつかの論文を添え、これを「Botanical Laboratory, Imperial University（帝国大学植物学研究室）」にいる富太郎、として送ったとみられる。しかし、その成否はあきらかでない。

三　白石彦熊・岡村周諦

富太郎の執念の植物学は、無論、少々の挫折で衰えるようなものではない。国内の植物すべてを調査しようとする意欲は変わらず、関心は、日本の植民地となり既に出張調査したことのある台湾も、当然含まれる。

次は明治三十八年（一九〇五）正月、台湾総督府の殖産局に務めていた、白石彦熊という人に宛てた葉書。植物学教室から出しているが、結局、本人がアメリカ渡航の準備で東京へ出ているため、返戻されてきている。年賀に次の追伸を記したものだ。

> 先達而(せんだって)は御手紙投ぜられ拝見仕候、其后(そのご)恙(つつが)無く御勤務之由賀し奉り候、本年は標品成るべく御蒐集(しゅうしゅう)御送り下され間敷(まじく)候哉(や)、名称は早速御報知申上べく候、右、斯学(しがく)の為め切望之至に堪えず候

白石は、台湾の殖産振興のために富太郎の助言を期待し、富太郎は、このように台

湾植物の標本収集を望んでいたのだろう。

もう一人。

牧野富太郎の名を不朽にした『**牧野日本植物図鑑**』は、昭和十五年（一九四〇）に出版された。彼自身も認めたベストセラーだが、これは本人の力だけでは不十分な分野がある。多方面の研究者の協力を必要とし、隠花植物蘚苔類の分担を頼んだ岡村周諦理学博士もそうだった。

その岡村とも早くから交流があり、左は明治四十二年五月、高知市で教職に就いていた彼への一書である。

新緑杜鵑（ほととぎす）之好時節と相成候処、相変わらず御多祥に御精研之段、斯学の為恭賀し奉り候、然れば過般御相談相受け候処の書籍、彼此（かれこれ）煩忙の為め発送後れ、大に本意に背き居り候処、今日都合九部、小包便にて御送り申上候間、御落手下され度（たく）候
へパチコ、ムツシ、フロラ、日を逐（お）て闡明（せんめい）に向ひ、学会の為め大に賀すべき事に御坐候

九部の本とは何であろうか。富太郎は前年、北隆館から『**植物図鑑**』を刊行している。これか。「ヘパチコ」はHepaticae（苔類綱）、「ムッシ」はMusci（蘚類綱）、「フロラ」はflora（植物相）のことをいっているのではないか。

四　吉永虎馬（一）

富太郎が松村任三を嫌っていたことは何度か書いた。

しかし、これは初めからではない。二十二歳だった明治十七年（一八八四）に東京で知った頃、富太郎が伊吹山で採ったスミレに和名が無いとして、イブキスミレと付けてくれたことがある。青長屋でも歓迎してくれ、二十一年に出した『**日本植物志図篇**』創刊号には激賞の言葉を寄せる。であるからこそ同年ドイツから帰国の松村をとりあげた文も、抑制された、冷静、客観的な批判にとどまっていたのである（第一章十五）。

そして富太郎が矢田部教授との確執から教室を追われたときも、松村は二十六年、大学助手のポストを構えて迎え入れてくれた。感謝こそすれ、嫌う必要などないように思われるところだが、四十一年正月、富太郎は吉永への年賀の中でこう書く。

小生、頃日帝室博物館の方へも参り居り申候間、御安心下され度候。植物学教官段々腐敗致し、心あるもの眉をひそめ居り候、近日、早田の博士言語同断の事にて、皆憤慨致し居り候、松村の無能を知らざるものなきに至り候

「早田の博士」とは、前編第三章二に登場した早田文蔵ではないか。二十七年、富太郎と同じ大学助手となり、台湾植物の研究に励む彼は台湾総督府の依頼を受けるかたわら、松村と台湾植物の発表をしたりしていた。この年賀の出された四十一年は、早田が大学の講師となる年である。続く文が「松村の無能」とする点を考えれば、早田の処遇と関係しているのではあるまいか。

富太郎の、松村への態度が変わった主たるわけは、むしろ富太郎自身にあったといった方がよいのではないか。富太郎は、主義主張をするのに歯に衣着せぬところがある。松村の立場を考慮せず、松村の過誤を無遠慮に指摘すれば、これは主任教授として面白くない。

結局、松村の忌諱に触れ、それが昂じて牧野家の生計まで危うくなるとあって、さらに富太郎が反発する。手紙はそうした不満が、抑制のきかぬ性格そのままに表れた

ものといってよいのではないか。

なお、冒頭の東京帝室博物館勤務は、四十年十月より嘱託として始まっている。

五　寿衛（二）

富太郎が植物標本を作るとき、常に乾いた古新聞を構えて押し葉作業に従事せねばならぬのが、寿衛ら家族であったことは既述した。地道な仕事ながら、これをせぬでは標本はできず、縁の下の大事な作業といえた。

自分が家にいるときは言われなくとも自分でおこなっただろうが、どちらかというと富太郎は、山野へ採集に出かけるときの方が多い。まして遠い地に長期旅行した場合など論外だ。くどいようだが、二人の苦労を知る意味で、もう一通紹介しておこう。

小包便にて昨日二個、本日徳島より四個出し候中のオシバ、充分乾き居らぬ故、オシ紙の間へ入れ、充分乾かし呉るべし、オシ紙を博物館より送る様申遣はし置なれば、持て呉るべく、其中の三百枚位を行李（こうり）荷物として、至急に鹿児島県師範学校牧野富太郎宛にて、瀛船便にて送られたし、市中の荷物取続所にて聞き合せ

ば、如何にして送れば一番早く行くか分るべし

八月十六日付の葉書である。明治四十二年（一九〇九）八月一日、富太郎は徳島県の小松島から徳島市に着いていた。それより日和佐海岸、木屋平、剣山系でラカンマキ、ヒイラギ、ムクゲなど採集、また教員を対象にした講習会で指導し、十八日には汽車で鹿児島に入っていた。

文面は、その徳島県で採集した植物の押し葉を、六個の小包便で送ったので、改めて乾燥作業をおこなうよう求めている。

そしてこのあと鹿児島県に長期滞在し、霧島高原・宮崎県高千穂・屋久島・種子島などで、講習会やら講演会の講師として出る。多忙な仕事の中心にあったのは無論、植物調査で、九州に多い湿地好みのタニワタリノキ、常緑の寄生植物であるヒノキバヤドリギなど、多くの標本を採集した。古新聞三百枚はその押し葉に必要なため、急ぎ送るよう知らせたのである。

彼が最終的に鹿児島をたったのは九月十七日。この数年続く九州での採集・標本指導の一環であったが、四十二年夏の四国・九州での不在期間も約五十日。押し葉標本

に夫婦共、寝ても覚めても従っていたのである。

六　宇井縫蔵

前編にちらりと名の出た人物に、南方熊楠がいた。紀州に生まれ、イギリスから帰国後は南紀勝浦・田辺に住んで、文・理両分野にまたがる多才な能力を発揮した。植物学にも強くて、その分、富太郎でも遠慮なく批判し、意識する富太郎は、ソリが合わない感覚がずっと続いたようだ。

その和歌山県に、宇井縫蔵という植物・魚類の研究者がいた。田辺の小学校や高等女学校の教員を務めながら植物学にいそしみ、南方にも、富太郎にも学んだ。ときに二人の研究を仲介することもあったといい、次の富太郎の音信に出てくる植物の影に、やはり南方が何となく居そうに思える。明治四十三年十二月、西牟婁郡田辺町（現田辺市）の宇井に宛てたもの。

過日は恙無く御帰国賀し奉り候、兼て御願ひ申上候処のタニモダマ并にジョウロウホト、ギス、生本御送下され、有り難く拝謝し奉り候、皆、帝室博物館へ栽

えに出候、来年の開花を今より楽み居り申候
ジウルウホト、ギスは、其果実の附き居るものを標品にも致し置候、又、タニモダマ生葉始めて実見、大に利益を得申候、早速標品に致し、御厚志を紀念仕り申候

タニモダマは、キンポウゲ科センニンソウ属キイセンニンソウ（紀伊仙人草）の別名。蔓状になる多年生の草で、葉柄の関節に特徴がある。紀伊半島に特有なことから富太郎が求めたのだろう。

そしてもうひとつ、ユリ科のジョウロウホトトギス（上臈杜鵑）。これは富太郎が送った土佐横倉山の標本に、二十一年マキシモビッチが新種との回答を寄せてきたため、富太郎が同年刊の『**日本植物志図篇**』第一巻第一集に、新和名として発表した。無論、紀伊半島にあることもこの以前に承知していた。

ところが南方は、富太郎が理科大学を追われたわずかな間の四十四年、その追い出した張本人の松村任三に、紀伊半島に自生するタニモダマ、ジョウロウホトトギスのことなどについて音信を認めている。一方、宇井の先の葉書は富太郎がその大学を追

われた年のもの。宇井の、微妙な立場と善意が窺われる。

七　恩田経介（一）

前編第三章十二に登場の恩田敬介は、大正八年（一九一九）より農商務省水産講習所の非常勤講師もしていたらしい。現国立東京海洋大学にある、ドイツの植物学者パウル＝ファルケンベルクの植物学関係書であるファルケンベルク文庫は、丸善蔵のそれを恩田が費用立替で押さえたものだが、順次、同講習所に収まり始まる昭和二年（一九二七）も、同じ肩書だったようだ。

その恩田が富太郎と植物学書をめぐる意見交換を頻繁にしていたことは容易に想像でき、先の『**植学啓原**』の入手に触れた葉書は恩田の意向が残った一例。次は同じ大正九年の六月八日、逆に富太郎の方から恩田へ宛てたもの。

恩田の音信とは直接つながらぬが、ふたりは日頃から行ったり来たりしている。六日には神田区（現千代田区）錦町で本草会の集まりがあって、ここでもふたりは一緒になった。葉書はその場のことに触れる。

一昨日は失礼仕候、然れば過日、鳥渡御話申上候処のハムズレー氏支那植物目録、博物館へ御譲り願度、右代金大至急御取極め、御知らせ下され度、此段特に御願ひ申上候、Lindleyの書にNOSTOCの条下にA species which abounds in streams in China, N.edule, is dried, and forms a favourite ingredient in soup, for which its gelatinous substance rich in bassorin, makes it appropriate.とこれ有り、此者或は先日、本草会にて御話の葛仙薬?にてもこれ有り候か、此のNostoc eduleの学名は誰れの命名乎、書物にて捜索せば直ぐ知れ、且つ其形状も相分り申すべくと存候

支那の植物学書が話題となり、ひとつはヘムズレーの支那植物目録を東京帝室博物館へ売って欲しいこと。富太郎は五日に博物館へ行っていた。

そしてもうひとつが、英植物学者ジョン＝リンドリーか、彼の本のノストック（藍藻の一目）の記述に、中国の小川に多い有益な種の説明が引用のとおりあった。本草会で話題の「葛仙薬」と違うか?といっている。

彼とは植物学書でいつも談論風発だったのだろう。

八　恩田敬介（二）

この月末、富太郎は横浜植物会の人達と箱根へ出かけている。雨の中を濡れながらの採集旅行だったが、この時も恩田に簡単な報告をしている。ことほど東京植物同好会にも同行したりする恩田とは親しく、何につけ心を許して手紙を書いた。

大正期、富太郎は植物学というものを大衆に広げるという点でも、抜群の功績をあげた。彼の採集旅行の希望と、植物学者牧野を招聘（しょうへい）したい地方の願いが一致したためだが、植物学の大衆化は彼自身の考えでもあった。

その富太郎が同年八月、ほぼ一ヵ月にわたって奈良・和歌山両県へ出かけている。各地学校での講演や植物採集が目的で、行った先は概ね山深い地方。奈良県の吉野・天川・高取・大淀、次いで和歌山県の高野口・九度山・高野、また奈良県の大宇陀・榛原・室生などと探訪している。海岸へ行ったのは、この間にハマゴボウの群落など見た和歌浦のみだった。

次は、その新和歌浦の旅宿望海楼から、八月十四日付で書いた恩田宛の葉書である。

吉野山より入りて大峰山の霊気に触れ、出（い）でゝ、高取山に上り、更に高野山に登りて、其地域の広大と其山林の美に驚けり、山中に数種の新品を得たり、昨日下山、和歌山市を過りて此地に来り、始めて風光明媚の勝区に数日来の労を休めたり、是より奈良方面之用を弁じ、了（おわ）りて帰東の積（つもり）なり

過日は長途、神戸に御出張下され、御厚情を感謝候、種々御配慮之事と存じ居り候、池長が御厚志を容れ呉れればよいがと、途中それのみ心配致し居候

富太郎はこのあと奈良からも一通出すが、喜色満面、植物三昧の旅だったろうその途で、ちらちらと池長孟の顔が浮かんできだしたらしい。具体的に何かはわからぬが、これとて植物と無関係ではない。恩田に池長のことで相談した手紙は他にもあり、胸襟を開いて何でも話せる研究仲間だったのだ。

このごろは　とんとたよりも　なしのみの　つぶでひとつも　なげぬきみかな

（昭和十五年十二月、恩田宛富太郎葉書）

九　山下助四郎・本田正次

植物学者牧野富太郎が全国各地から招かれるようになったのは、ひとつに、言うまでもない学問的知識の高さがあった。しかし、もうひとつ大きかったのは、植物学を一般に広めたいという熱い信念が彼自身にあったからだった。愛好家の前で猿踊りをし、何度質問しても嫌な顔ひとつしない。すべては植物を愛し、植物知識の普及を願うからだった。これは結果として当然、フロラ調査にも役立つ。

次は大正十一年(一九二二)九月七日、四国で二週間ほど活動したことを報告する、成蹊学園中学校山下助四郎宛の書状。

九州の会を了(お)へて四国へ渡り、愛媛県庁より県下の天然記念物の調査を頼まれて伊予の国をソチコチと歩るき、且つ小学教員を集めて二日間講習をなし、又、県下中学博物教員全部を引き連れて、四国第一の高山石鎚山へ登りたり、幸に天気よく、山頂より四方を望み、頗る爽快を覚えたり、三日神戸に帰り、研究所に入りたり

(佐川町教育委員会蔵)

名声の高まった富太郎は、行く先々で謝礼を受け取ることによって採集の旅ができた、と著書で明かす。
もう一例は、同十三年九月十四日付の小石川植物園内植物学教室本田正次宛。この頃富太郎は八月二十七日から十月一日まで、三十六日間も和歌山に滞在した。多様な植物形態を示す紀州で、同様、集中調査ができたのだろう。

当地に着するや、公会堂にて雄弁を振ふ事二時間、又、当地高等女学校学生一同を前にし、講堂にて柔和なる雄弁をふるふ、それより毎日採っては圧し、採っては圧し、馬力のかゝる事一方ならず、為めに町田辺の地にて種々の品を見出す、先づ木芙蓉（モクフヨウ）の自生、天台烏薬の自生を始めとして、カハイハタケ等あり、圧し紙どうしても千枚は入（要）る、シソバウリクサは諸処に見る、ヒメノボタンもあり

（同前）

「天台烏薬（テンダイウヤク）」は江戸時代に中国から伝わった薬用植物。「ヒメノボタン」は夏秋に紫

色の美しい花を咲かす草。その花を見ながら、同行者は牧野先生の名解説に酔いしれたのであろう。

十　山下助四郎（一）

寝ても覚めても植物第一の富太郎は、大正五年（一九一六）自分が自由にできる『**植物研究雑誌**』を創刊した。そしてその廃刊の危機を救ったのが、成蹊学園長中村春二（はるじ）であることは知られている。しかし背景に、同学園中学部山下助四郎の理解があったことは知られていない。明治四十四年（一九一一）の熊本訪問時より親交を深めた山下には、金銭のことでも遠慮なく相談できたようだ。危機下にあった大正十二、十三年の、彼宛の書状が佐川町に残る。先ず十二年六月二十四日付。

去月八十円借用、今月は之れを返上致し候事と相成り居り候処、右之内五十円を返上し、三十円を借用し、都合五十円小生方へ頂きたひと存候、先日来額賀の一家が最早（もは）や半月も来り居りて、日々の費用多大、非常に困却致し居り候、それ故実の処は、本月今一度全部借用したきなれども、アマリ毎度の事故御不工面（ごふくめん）と存し、前述之通り五十円返上し、三十円丈借用の事に致し度――

富太郎はこの月、同学園小学校の母姉への指導と学生への講話で、二度赴いている。あるいはその謝礼か、受け取る金と借金を相殺しようとしているようだ。

二つ目は中村が歿して四ヵ月後の十三年六月二十二日付。

成蹊女学の日光行報酬の事、飛騨行と予定せられ居りし時二百と定められし根拠は、一日を二十円として、それで其二百の額を算出せしものとの事なりし故、今度の日光行は此飛騨の代り故、矢張り二百の訳になると存候

これは富太郎と確執が生じる同女学校長の奥田正造がからんでいた。

奥田氏は始め、日光が百、飛騨が百、合せて二百であるとは思ひ居り申さずざりしと存候故に、そう云ふ様に奥田氏へ話しかけるのは、却て奥田氏を有利に導き、小生の方が不利益になる――

同校は七月、富太郎の指導下で日光に二十日間程滞在するが、中村の歿した今、山下の力では及ばぬところがあり、報酬ひとつ取ってもかくも深刻になっていたのである。

十一　木村有香（ありか）

富太郎が東京帝大理学部で教えたひとりに、ヤナギの分類研究で著名となる木村有香がいた。少年の頃から牧野ファンだった彼は、富太郎が主宰する東京植物同好会の採集会にも参加するなど、信頼に培われた深い師弟関係が続いた。

次は、木村が東北帝国大学理学部助教授となっていた昭和四年（一九二九）十二月二十九日に、神戸市の池長植物研究所から出したもの。ふたりは二十七、二十八両日にわたって神戸・京都と共にし、京の上賀茂村（現京都市北区内）ではスグキ菜を買って、その漬け方を見学した。書翰はこれとヤナギの送付に触れる。

昨日は遠き京都まで私之為めに御厚意を御披瀝下さいまして、誠に感謝之至に堪へません、貴兄に一日のひまをつぶさせ、又、費用を費（ついや）させ、何とも恐縮の至

りであります、私の方は御蔭により、スグキの大なる智識を得て、実に喜之至に堪へません、厚く御礼を申上ぐる次第です
(中略)別封のヤナギは、西宮市立高等女学校長の山鳥吉五郎氏が、但馬から採って来たものです、これ丈けしか標品がありませんが、御参考までに御送り致しておきました

この富太郎の門人である木村の門人に、深尾重光という人がいた。同大理学部を終えて大学院に入り、退学と共に同大副手となったが、敗戦後、厭世(えんせい)するかのように大学を辞す。そして群馬県の沼田高校水上分校理科教員を退職後の一日、恩師木村博士から依頼があった。分校上流にある湯檜曽(ゆびそ)川沿いのヤナギの収集で、そこで深尾は植生するヤナギの標本をそろえて送ったが、ひとつだけ強く関心をもった未知のものがある。木村はそれにこたえ、学名Salix Hukaoana和名ユビソヤナギの新種として発表した。その深尾が、木村の師である富太郎の生地佐川の領主、土佐藩筆頭家老深尾氏の直系当主であったとは、木村も富太郎もたぶん気づき、どこかで語りあっただろう。

十二　吉永虎馬（二）

生地が富太郎と同じ佐川である後学に、吉永虎馬がいたことは既述した（前編第一章七）。苔類学で名をのこしたが、高知県内で教職を貫いただけに、四国についての植物知識が豊富でもあった。

昭和十年（一九三五）秋、高知高等学校に在職していた吉永は、徳島県那賀川流域を調査する中で、富太郎が新種と驚く菊を送った。十一月十三日、富太郎は返書を書いている。

阿波で御採集のアノ菊は珍らしいと思ひます、私はこれにChrysanthemum Yoshinaganthum Makinoの学名を附けて発表したいと思ひます、若し右の名称を御迎え下さるならば、此菊の開花の標品を御恵み下されん事を希望いたします彼(か)の紀州の長葉のシホギクはCh. Decaisneanum Matsum var. Kiiense Makinoとしたいと思ひます、此等(これら)は他のものと同じく、近い内に公にすべき私の研究志へ載せたいと存じてゐますこの時期は菊の開花期とあって、富太郎も山口県祝島のノジギク採集などに出かけるが、同川中流域の岩場にのみ分布する、細毛が密生した細葉灰緑色のこの菊は初めてだった。虎馬は富太郎の求めに応じ、少なくとも二種の菊を送ったようで、十二月六日の富太郎の返書には、庭に植え、また腊葉（せきよう）にし、また花活けに挿したとある。そして、吉永によってナカガワノギクと和名づけられたこの菊の分類学的見解について、こう記す。

私の見解では、中川ノギクはリュウノウギクとシホギクとの一間種と思ひます、それは其総苞（そうほう）の状、并（ならび）に葉の状態がよくそれを証明してゐます、そして其花色が紅潮するものある事も、又リュウノウギクの淡紅花品（能（よ）く方々で出逢ふ）に似た所があります

リュウノウギクは白色の頭花に淡紅色の舌状花を見、シオギクは白色の舌状花を主とする。花を支える変形葉である総苞の特徴らをあわせ考え、富太郎は両菊の中間に位置づけられる新種としたのである。

なお発見の経緯については、吉永の「菊属（Chrysanthemum）の一新種に就て」（昭和十一年）に詳しい。

十三　吉永虎馬（三）

植物学をめぐる富太郎と吉永との交流は、吉永の歿する昭和二十一年（一九四六）まで続いた。植物学に明け暮れるふたりにとって、故郷を同じくする以前に話したいテーマはいくらでもあった。同十一年五月二十七日付の次も、年中吉永と繰り返す書信のひとつにすぎない。

タチツボスミレ?とあるものは、正に其品なり、たゞ葉小に花大なるを以て異様に見ゆるが、然かし強て別てばViola grypoceras A.Gray var.maerantha Makinoとでもして宜し、けれどももっと花の小なるものも交はり居りはせぬかと思ふ

富太郎は、ツボスミレのツボは〝つぼまる〟からきた「壷」との説に、ツボは庭を意味する「坪」で、スミレこそ墨斗（すみいれ）からきた名だと書いたものがある。

例によってうなずかされるが、さて、この変種（var.）扱いとした結末はどうなっただろう。ネコノメソウ、ツルキジムシロ、ヤマトグサなどの話題が続いた文は、もうひとつの変種を報告する。

先日の土佐山にてのハンセウヅルは、シロバナハンセウヅルClematis Williamsii A.Grayの変種と認め、var. viridiflora Makinoと定めた、和名はアヲバナハンセウヅル（新称）

そして十日ほど後の六月八日、また新種の報告をする。

土佐より頂戴して来ました彼のツメレンゲは、新種に就きCotyledon Kashiwajimae Makino和名をカシハジマツメレンゲとしたいと存じます、土佐よりの途中弱ってゐましたが、段々に回復に向ひ居ります、今年は花は出まいと存じます、御宅でも大に繁殖を図られん事を願ひます富太郎は四月、高知へ帰っていた。そのときだろう、県西南端柏島（現幡多郡大月町内）の岩場に自生するツメレンゲをもらい、白花がサボテンのように総状花序するこれは、他と違う特徴があるとして知らせたのである。ただこれは現在、県立牧野植物園藤川和美氏によれば、ツメレンゲのひとつの型にすぎないとされている。

十四　山田幸男（やまだゆきお）

いかな富太郎でも不得意な分野はある。本章三の岡村周諦で述べたように、不朽の名著である**『牧野日本植物図鑑』**の編集にあたっては、専門家のいる分野はそれぞれ執筆を依頼した。

藻類を専門とする山田幸男もそうで、富太郎より四十歳近くも年下ながら、東京帝大理学部を卒業してからの海藻学の実績は素晴らしい。北海道帝大に理学部を設けたときに植物分類学教室担当として迎えられ、以後、富太郎は海藻の分類にうちこむ山田を何かと頼った。

次は、島原半島南部の海中に産する石藻を、長崎県天然記念物に指定するか否かで調査を依頼された同師範学校教員松島茂が、困却の末に富太郎の教示を願い、富太郎もまた困って右植物学教室の山田へ頼んだものである。なお、この石藻は地質学者の佐藤伝蔵が表に出したらしい。手紙は昭和十年（一九三五）の七月十二日付で、佐川町教育委員会蔵。

別包にて御送りいたしました石藻は、長崎県長崎市なる長崎県博物研究会の松島茂氏から、別紙の手紙を添へ送付のものなれど、小生には頓と相分りませんので御送りいたしました、誠に御面倒の事に存じますが、其名称などを、誠に恐縮の至ですが、右松島茂氏へ御教へやり下さるれば大幸の至に存じます

これは富太郎が宛名を「山田光男」と誤ったために誤配されたが、先に着いたであろう別包に続いて届けられ、最後はきちんと処理されたと思われる。

翌年五月、佐渡の知人から贈られた食用海藻の巻紙に「シマメ」とあり、その学名教示を山田に願った。左は六月四日付の礼状で、つまり山田から時をおかず回答があったことを示す。

先日御尋ね申上げました一海藻に就き御教示下さいまして、誠にありがとう存じます、早速佐渡の方へも申遣はす事と致します

ここでの「シマメ」は「シマモ」（海藻）のなまりか。ちなみに戦後の食糧不足時、富太郎が山田から北海道産であろう昆布をもらい、逆に山田が富太郎から天草のマツノリを贈られ学名教示を求められたものもある。

十五　山下助四郎（二）

昭和十二年（一九三七）正月、この年七十五歳を迎える富太郎は、朝日新聞社から「朝日文化賞」を贈られた。直接には全七巻より成る『**牧野植物学全集**』の刊行を評価するものであったが、背景に、新種命名一千種など長期にわたる植物分類学上の業績と、多方面にわたる植物学普及への貢献があったことは、いうまでもない。

同月二十四日、東京会館で東京植物同好会による祝賀会があり、富太郎は六十余名の参会者を前に、「南天・蝋梅并（ならび）に鳥飯」の話をする。翌二十五日には同東京本社講堂で授与式がおこなわれたが、この晴れやかな受賞を喜ばぬ関係者がいた。富太郎は

『自叙伝』で、「ただ一人某博士のみは私のことを悪口し、散々にこき下した」と書いており、同様、この人物についてであろう記す、心許す山下助四郎宛の手紙が佐川町教育委員会に所蔵される。

まず、新聞発表のあった翌月正月十一日の手紙。

今回料らずも朝日賞を受けます事に就ては、早速に御丁寧なる御祝詞を賜はり、感謝之至に堪へません、御承知の通り其間邪魔するものがありましたけれど、其処は流石に新聞社丈けありまして、万事の事が能く了解せられ、遂に好結果を招来しものと存じます

山下は六日、恩田敬介と共に牧野家へ年始を述べに訪れていた。しかし受賞の予定は知らされていなかったのだろう。そして右手紙の三日後。今度は忙殺される富太郎が十一日の手紙を忘れていたらしく、ほとんど同文に書かれた前半に続く後半。

御承知の通り陰謀者の策動もありましたけれど、流石は新聞社丈けありまして、

そんなものには耳を貸さず、断然決行と相成り、小生は為めに御蔭を蒙（こうむ）った訳です、そして策動者は大に器量を下けた事になったのです

実名こそ出さぬものの、富太郎は信頼できる人のすべてに、この「陰謀者の策動」を書きたかったのであろう。手紙の最後には、こうある。

荊妻（けいさい）が生きてゐましたら、それはどれほど嬉しがるか知れませず、多年の苦労が酬（むく）ひられたと、非常に喜ぶのであったでせうが、残念です、早速に墓前へ報告するつもりです

十六　門野里代子

植物一筋の富太郎が寿衛に随分と苦労をかけたことは、何度か書いた。寿衛は昭和三年（一九二八）「病原不明」（『自叙伝』）（実は子宮癌性）を以て五十五歳で亡くなるが、その寿衛と命名種スエコザサについて記した書状がある。

彼女が歿して十年後の同十三年七月、富太郎は箱根・仙石原村の門野里代子から、

珍蘭ショウキランを贈られた。その植生状態を見たさに矢も盾もたまらず初めて駆けつけたのが、日本財界の雄、門野重九郎邸であった。富太郎は令閨の案内など受けてランを採り帰るが、二十二日、その礼に贈る植物のいわれの中で寿衛に触れる。

オケラ、ツルマンネングサ、ツユクサと共に贈ったササ二種のひとつについて、こう記す。

又、一のものはスヱ子笹で、これは仙台から移植した珍らし（い）笹です、此和名は私の妻への紀念に附したもので、私の家庭に功がありましたので、この笹を妻へデヂケートして命名したものです、妻は私の財政でひどく困（くるし）んでゐます時、大に奮闘してくれましたので、其病死します少し前に、此名を此新種の笹へ付けて慰さめ、且喜ばせてやりました、間もなく病死（十年前に大学病院にて）しましたので、其墓石へ「世の中のあらん限りやすゑ子笹」と刻み付けておきました、学名もSasa Suekoana Makinoとして発表しておきました

門野邸での昼食饗応のときなど、里代子とは家庭の話題にも及びはしなかったか。

植物に深い関心を持つ里代子は、歓待のみならず周辺の散策にまで付き合ってくれた。ほだされた富太郎が、寿衛とスエコザサのことをありのままに知ってもらいたかったかと想像される。

富太郎が病妻の前で名を付けて示したスエコザサは、歿した同三年、『**植物研究雑誌**』に新種の笹として発表された。ただ東北地方の一部に限定されるスエコザサは今日、イネ科アズマザサの一変種としてSasaella ramosa var. suwekoanaの学名となっている。

十七　吉永虎馬（四）

昭和十五年（一九四〇）十月二日、七十八歳になった富太郎は『**牧野日本植物図鑑**』を刊行した。大正十四年（一九二五）に出した『**日本植物図鑑**』は、富太郎自身がはなはだ不満を表明した本だった。それだけに、十年余をかけ、精緻をつくす三千二百余の植物図と解説からなる大作は、一定、富太郎も達成感を抱いた筈である。まして部外者からみれば、富太郎の不得意な菌類、藻類、蘚苔類等々の専門家の協力を得、また東京帝大植物学教室の多くが分担参加しているとあっては、まさに空前絶後、不朽の大著とみるのが当然だったろう。
　ところが富太郎自身、必ずしも満足できるものでなく、またこれで完結というわけでもなかった。解説字数の不揃いなど序文でも認めているところだが、何よりも植物の新種が次々と発見される。その分析、発表、写生に追われつつ、しかもこれらの補充を常に望んでいたのである。次は、十月刊行の稿が確定した同年正月十五日、故郷の吉永へ宛てた音信。

私の図鑑も愈々（いよいよ）其訂正を了（おわ）りましたので、来る四月頃には本となって出る事になりました、出来たら一冊贈呈します、そして其第一の補遺を、今年中に纏（まと）めて来年の四月頃に発行し、第二の補遺を、又其次年に発行したいと希念してゐます、右第一の補遺へは、ワカキノサクラなどを入れたいと存じてゐます、又彼れ此れ御世話になる事と存じます、本年ユキモチサウの根を十個位、御出会ひでしたら御集めおきを願ひます、それから佐川サイシンの生本を五、六個欲しいと思ひます、これも補遺へ入れたいので、御見付かりの節御面倒を御願ひ中上げます、こんなものは、どうも腊葉（せきよう）では甘（うま）く写生が出来ませんので、どうしても生本で書か

ねばなりません

富太郎は贈本時の十月十七日付彼への音信で、「出来上って見ると、ソココ、にマズイ処がありまして、困ってゐます」とも記す。原稿が長年手元を離れていたためで、版を重ねる中で改善されてゆくのである。

十八　吉永虎馬（五）

富太郎は昭和十四年（一九三九）五月に東京帝大理学部講師を辞し、以後、水を得た魚のように全国を飛び回った。日頃から若さを自負し、老人のような扱われ方を最も嫌う。加えて誰よりも強い植物への執念があるから、崖のてっぺんでも登ろうという気概があった。

十五年十一月、富太郎は大分県の各地で採集と教員指導をこなした後、福岡県の古処山へ登った。そして海浜へ回り、今度はツクシシャクナゲで知られる福岡・大分県境の犬ケ岳（千百三十一メートル）へ登った。しかし彼ももう七十八歳だ。ここで事件が起きた。

父事、九州大分県に採集中、犬山峠にて山からすべり落ち、大分ひどく体をうち、一時は大変痛みひどき様にて、看護婦などつけ療養致し居り、誠に心配一方(ひとかた)ならず

同月二十三日、留守宅から吉永のもとへ届いた一通だ。驚いた吉永はすぐ富太郎に電報を打った。ここで「年のセイ」（二十六日状）を認めた富太郎は二十七日、別府での温泉治療の予定と、「怪我しました山は豊前の犬ケ岳で、去る十三日」だったことを報告する。実はこのとき、岩の上に落ちて背骨二ヵ所を折っていたが、それがわかるのはずっと後のことだった。

九州旅行は頗(すこぶ)る順調に運び愉快に廻ってゐましたが、不幸に最後の登山で失敗し、危く植物と心中する所でしたが、それにはまだ早いと一歩手前で命をとり止めまして――

（十一月二十九日、吉永宛音信）

しかし、痛みはなかなか取れなかった。別府の寿楽園という所で療養しながらも全快には至らず、年末近くになってやっと歩けだした。転落してより四十三日。富太郎は無理に出立を決め、汽船で大阪へ向かうのである。

富太郎は過去に二度、大けがをしている。乗った円タクが自動車と衝突して重傷を負ったときと、自宅で標本の重しの石と落ちて足の骨が見える傷を負ったときだ。犬ケ岳の遭難ははるかにこれを凌ぐものだったが、富太郎は執念でこれを超える。

十九　吉永虎馬（六）

富太郎は昭和十六年（一九四一）三月、吉永に大きな決意と大きな喜びを告げる。植物図説の出版化と植物標本館の建設だ。

愈々(いよいよ)本式の図説出版にかゝります、私の事を三、四回も東京日々新聞に書いてくれし影響で、各方から助け舟が多数出て来まして、標品の整理所も新築しくれる人が出て来、又、出版を引受ける人も出で(い)――（十四日付）

富太郎は明治二十一年（一八八八）、初めて『**日本植物志図篇**』第一集を刊行した。構想に論文編があったのは既述したとおりである（第1章十七）。壮大な夢の実現に向けて走りだしたわけで、自然大の着色図十枚を一分冊とする、邦文・欧文両解説付きの編集だったらしい。『**自叙伝**』でも決意を記しているが、まだ実現をみぬ彩色とすることに、とりわけこだわっていた。

自邸の標本館は、標本の整理のためにどうしても欲しかった。この支援は華道家安達潮花（あだちちょうか）によって成されたことが、上村登の『**牧野富太郎伝**』に記される。その具体化が、三月より始まっていたのだ。

標本館建設は、神戸の池長植物研究所にある、厖大な牧野の標本・図書と密接にからんでいた。建設計画と並行してこれらを富太郎へ返す構想が浮上したようで、彼が満州から帰国した六月より具体的に進みだしたことが日記でわかる。荷物は九月までに東京へすべて送られ、収納する標本館ができたのは十一月。富太郎は同月二十六日付で吉永へ知らせている。

標品整理所も先日出来上りました、三十坪の小いものですが、これから出発するつもりで之れを牧野植物標品館と名け、横文字で書けばMakino Herbariumとしました、神戸の標品・図書一切を東京へ運んで来ました

文面はこのあと、標本整理と植物図説が今後の大きな仕事、図説は来春に第一冊を出したいと記される。研究は順調に進んでいるようにみえたが、時局は緊迫を告げていた。思うように進まなくなり、敗戦後の作業再開もついに実らぬまま終わるのである。

二十　吉永虎馬（七）

昭和十九年（一九四四）十一月、富太郎の住む東大泉町にも爆弾が落ちだした。米軍機約七十機中の一機が近くの畑に落とし、そこに大きな穴をあけた。牧野邸もいつ燃え上がるかわからない緊張下にあったが、植物三昧、寝ても覚めても植物一筋の富太郎は、ただ植物学と心中する覚悟だった。吉永に告げている。

時々空襲がありますが、此頃は慣れて大胆になり、余りビク〳〵してゐません、

若しドンと直撃弾でも来れば、それは運命で仕方ないと決心してゐます、私の友人達は、私の身を気遣ひまして、これまで疎開をすゝめてくれますけれど、何を言へ書物が沢山（時価にすれば廿万円のものがありませう）ありますので、之れを運ぶ事が出来ませんので、万一の事がありましたなら、先づ此書物と心中するわけです（二十年二月十日付）

標本も数万点あるが、富太郎にとっては他に類を見ない植物蔵書が何より大切だった。当時、泰和字典植物部門の仕事を受けていたが、それに必要な西洋の書物でさえ大学に行かなくてよい。和漢洋すべてがそろっていた。

それにしても食べる物が減ってきた。板橋区の東大泉までは魚が少しも回ってこず、米は不足、卵、もち米など高い闇値がついていた。牧野邸は畑を構えていたので野菜はまかなえたものの、他の物ははなはだ不自由だった。富太郎は吉永に勧める。

夏になりますと鰻釣りがよいと思ひます、大分体の補ひとなると思ひます、外の川魚でもよいのです、それから秋になるとイナゴを捕りに行くとよいと思ひま

す、御承知の通り、イナゴは中々うまく、又大に滋養になります、これは無限に
稲に着いてゐますから、馬力をかけて大に捕り入れる事です（同前）

佐川は鰻のよく獲れる所。子供の頃を思い出して自然界でのいっそうの食料獲得を提案する。富太郎は前年、野生植物の食用化を説いた『**続植物記**』を出し、植物学者として時局救済に少しでも役立とうとしていた。吉永にも細かく勧めていたのだ。

二十一　**吉永虎馬（八）**

家族が富太郎に疎開を説いていた頃の昭和二十年（一九四五）三月三十一日夜、来襲した米軍機が牧野邸内の植物標本館近くに爆弾を落とし、同館が傷ついた。観念して疎開を決めた富太郎は、四月七日夜、吉永に報告する。

不日に信州蓼科（たでしな）山の裾野地方へ疎開しますので、今、荷物取片付け大騒ぎを演してゐます、私宅の辺決して安全地帯ではなく、数日前の夜、爆弾が十四間前へ一個落ち、標品館の一部を傷けました

富太郎は防空壕にいて無事だったが、百三十九機の大編隊は様々な爆弾を投下、また機銃掃射した。直前、吉永は、みずからを銃の持てぬ穀潰し老人といったような手紙を書いていたらしく、富太郎は植物学者として対応すべき心構えを、毅然と告げる。

> 吾等は自然にある植物を相手として、学問の為め、国家の為め、研究しおけば、決してたゞの穀潰しではありません、ウント奮発して下さい、生気ある内は何かと仕事の出来るものです

富太郎は基本的に科学者だった。少年期の自由民権運動への参加や、この頃の「大和魂」発言などあるにはあったが、どちらかといえば政治に無色の人だ。「全く戦争ほど罪悪なものはありません」（右音信）。その彼が非国民と指弾されかねぬ表現で吉永に告げ、五月中旬、山梨県北巨摩郡穂坂村（現韮崎市穂坂町）へ疎開した。

大学の好意で標本館の蔵書を一定量送った仮住居は、同学篠遠喜人の親戚筋である農家の土蔵（養蚕室）だった。別棟には同じく藤井健次郎が住み、四キロほどの地に

は東京帝大理学部分室も来ていた。
富太郎は暗い蔵にリンゴ箱二つの机という不便さながら、爆音から解放された、のどやかな環境の中で研究を再開することができた。とはいえ時局は困難を極め、疎開したからといって食糧が豊富に得られるわけでない。

きのふまで　人に教へし　野の草を　吾れも食はねば　命つゞかず
（六月二十三日付、吉永宛）

ときどき下痢を起こしたりして痩せていった。

二十二　**北隆館**

富太郎は明治四十一年（一九〇八）に『**植物図鑑**』を出して以来、類本はほとんど北隆館から刊行している。その作業に苦闘する様は同学との書状にもよく書かれるところで、昭和十五年（一九四〇）の『**牧野日本植物図鑑**』に対する思いの一端は、十七項で紹介した。

同二十年十月、終戦で山梨から帰京したときの富太郎は痩せ衰えていたが、幸い東大泉の自宅は無事だった。身体は蔵書と標本を前にしてにわかに元気を取り戻し、幾多の著書を生むなかで力を入れたのが、北隆館から出す様々な植物図鑑だった。二十七年。その富太郎も九十歳となり、遠出はままならなくなる。

今度誰れか宅へ御出での時に、誠に御面倒ながら、明治堂にてビネガー（酢）一瓶、白葡萄（ぶどう）酒一瓶、クラッカーを買って来て下さい、代金はその時に差上げます、どうぞよろしく

十二月六日

佐川町教育委員会が所蔵する北隆館への葉書である。富太郎は日々、交流のある同館の編集スタッフを何かと頼りにしていた。

彩色植物図鑑に執念を燃やす富太郎は、動きのとれにくくなった身体で必死に作業を進めており、次は翌二十八年六月同館宛の葉書。

誠に御手数恐れ入りますが牧野富太郎筆にならひ、山田寿雄筆 水島南平筆の二
つのゴム版を作らせ、至急に御廻し下され度願上けます

文字が崩れだしても微細な植物画への意欲は衰えず、この年、リゾグラフィ用のペンを注文した葉書さえある。そして次は九十二歳を迎えた二十九年十月。

大急そぎ
原稿紙が遂に無くなりましたので、至急に御廻し下さい

富太郎にとっては一秒一秒が闘いだった。命の尽きかけた今、一瞬の無駄たりとも許されなかったのである。

昭和二十八年より何度かの危機を乗り越えた富太郎は、その間、**『学生版原色植物図鑑』**など、いくつかを刊行した。歿したのは昭和三十一年正月。文化功労者、文化勲章受章、佐川町名誉町民。

第四章　故郷よ佐川の人よ

一　掘見熙助

明治三十八年（一九〇五）五月、富太郎は驚愕する通知を受けた。第一章で紹介した同郷の人、掘見恭作がアメリカで死去したとの報に接したのである。知らせたのは恭作の実兄である熙助。兄の心痛を思いやる富太郎は、早速お悔やみの書状を佐川の熙助へ送っている。

近来は打絶て御無音申上げ居り候処、頃日、突然御舎弟恭作君、米国に於て御遠逝之趣御知らせに預り、実に驚愕之外これ無く候、殊に万里外之異域に在ての御不幸に御坐候へば、貴家御一同様之御愁傷一入之御事と、遙に御察し申上候、先は取敢えず右御見舞迄、斯くの如くに御坐候

（高知県立歴史民俗資料館蔵）

富太郎は四歳年下の恭作だけでなく、四歳上の熙助とも交流があった(第一章二)。学問に、殖産に、大志を抱いて励む彼らには、熱い思いで共通するものがあったのである。まして富太郎にとって恭作は、希望に燃えて共に東京へ上った人。数年後に下宿先として世話になる若藤宗則が恭作の親族であるなど、私生活でも何かと縁があった。

その恭作は慶応義塾へ入塾後、英吉利法律学校へ転校していた。英米法学への志望が強かったためだろうが、あるいは同十八年創立の同学校創立メンバーの一人が、同郷の誇る土方寧(やすし)であったことが関係しているかもしれない。

しかし恭作は同学校も病気のために退学し、いったん佐川へ帰郷して療養に努め、二十三年新たな夢を求めてアメリカへと渡っていた。富太郎の弔辞の一書は、恭作がこのアメリカの大地で存分に活躍していると思っていたところ、意外にや急逝したと知って、「驚愕之外」言葉の無かったことが理解されるのである。

富太郎は十四年、佐川に同盟会が生まれたときに熙助らと行動を共にし、改組された翌年の公正社には恭作が参加した。十四、十五年といえば三人共二十歳前後。恭作にいたっては十五、六歳にすぎなかった。佐川の山峡にこだまする自由民権運動、また学術研究にと励んだ恭作との思い出を、富太郎は多忙な植物研究の手を止め、なつかしくも悲しく振り返ったことだろう。

二　掘見・竹村

大正二年（一九一三）夏、富太郎は故郷の佐川へ帰っている。松村任三との確執で東京帝大理科大学を追われた富太郎が、関係者の復帰運動によって講師に任用された明治四十五年の翌年のことだ。富太郎にとっての講師の肩書は実益復活ほどの意味にしか過ぎなかったが、名刺にこだわり実績をみる常人は違う。帝大講師の名をもって『**植物学講義**』を相次いで刊行するなど、彼の活躍は佐川の人にとっても、一定、認められる存在となっていた。

当時、両手に余る人材を輩出している佐川町。加えて久し振りとはいえ、富太郎はときどき帰郷するから大騒ぎ、というわけではなかったが、五十一歳の働き盛りで帰ったこの時、彼は町長からの歓迎の辞などそれなりの迎えは受けたようだ。

恭賀新禧

　大正甲寅正月

昨年帰郷之節は久振にて御目にかゝり、誠に喜ばしく存候、佐川へ参り候日はわざ〳〵霧生関まで御出迎下され、又、滞在中は御厚待に預り、有り難く拝謝し奉り候、帰京后無性に流れ、欠礼多罪の至に存候、延引乍ら右御礼申上度、此くの如くに御坐候

小生滞在中御土産物を戴き候西・竹村氏未亡人の御方へ、何卒宜敷御伝声希い奉り候

彼の生家近くの竹村家に残る、大正三年、竹村貞次郎へ宛てた賀状である。二年八月、富太郎が町境の霧生関峠へ着いたとき、竹村ら町の有志が出迎えたのだろう。葉書の竹村宛と異なる、封書の掘見熙助宛賀状が高知県立歴史民俗資料館にあり、やはり帰省時の礼を述べている。

昨夏帰国之節は、久振りにて御健勝なる御顔を拝し、甚だ悦ばしく存候、佐川滞

在中は一方ならず御懇待に預り、大に面目を施し、誠に満足之至に存候

内容はあまり変わらず、同様、歓待への謝礼を記す。佐川町民は立身出世した者が帰郷したとき、よく河原などで祝宴を開いた。富太郎にもおそらく似たようなもてなしをしたと思われ、「千瓢裏之掘見老台」こと熙助と、「無瓢」の富太郎が楽しく青壮時を語りあったことだろう。

三　吉永虎馬（一）

佐川はもともと、土佐藩筆頭家老深尾氏一万石の中心地だった。そのため教養を高くした人から多くの人材を生む一方、何となく気位を高くしたまま時代に乗り遅れる、そんな人々を残した保守的な風土もまたあった。

富太郎は気にかかる故郷を、折りにつけては辛辣に批判している。

田中老、帰県、金の欲しい連中がこの老人を取巻き、御世辞を言って御ジキをしてゐる事でせう、佐川は此老人でないと夜が明けぬ町です

昭和十年（一九三五）十二月、後学の吉永虎馬へ宛てた便りの一節である。田中とは、既に登場した佐川出身の維新の元勲田中光顕。九十二歳の老境にあったが、宮内大臣歴任などの耀く丕績から、言動はなお注目される。折りしもこの年、彼の援助する佐川青山文庫の陳列館が完成し、田中は五年ぶりに帰郷していた。

富太郎は露骨な政治主張などしない人だが、権力におもねたり、身の保守に便々とするような人は、基本的に好かなかった。あえて郷里の偉人を揶揄しながら、その風をのこす佐川を批判していたのである。

ちなみに佐川町には、「陽気発処金石亦透　精神一到何事不成」の朱子語類を書いた二幅がある。一幅は「青山」を号した田中光顕の書だが、もう一幅は「結網」を用いた富太郎の筆で、田中の書に対抗心を起こして書いたものと伝わる。富太郎は田中が歿したときも、青山文庫が金ヅルを失って蒼くなっているだろうとからかっている。

同十九年十一月吉永へ送った便りの次の一節も、やはり佐川人の気質、佐川の風土の負の面を衝いているものだ。

> 佐川はどうも刺撃のない隠居的の処（中略）不活潑且沈滞的且近視的且退嬰的な、

佐川気分に捕はれない様に、矢張り高知に御出での様な気になって居られん事を
願ひたひと存じます、佐川は人を老いさする処です

太平洋に面さず、四方を低い山々に囲まれた佐川は、比較的おだやかな暮らしができる所だ。地政学的な理由も加わったこうした風土を、富太郎はあえて拒否せよとしたのである。

四　吉永虎馬（二）

とはいえ、佐川は近くの山や川で幼い頃を過ごし、成長してからも、学問に励み植物採集にいそしんだ、思い出の深い地。忘れ去る筈もなく、いつも彼の心の片隅にあった。

富太郎は七十四歳の老境に入った昭和十一年（一九三六）四月、佐川へ帰っている。

土佐佐川桜十二日頃盛りの電報来るとの知らせあり
（同人「日記」九日条）

伊豆でこの知らせを受けて四日目、富太郎は十三日の夕方に佐川へ帰り、真っ先に奥ノ土居のソメイヨシノを見に行っている。彼が明治三十五年、五台山竹林寺に合わせ贈った木で、満開の下でおこなわれた夜桜の宴でも感懐の思いで見上げている。まる十二日間に及んだ佐川・高知滞在中には、公的な歓迎会や博物学会採集会など大きな行事もあったが、合い間では金峰神社、尾川村など慣れ親しんだ地へも行っている。彼は翌年早々、帰京時に阿波池田駅まで見送ってくれた吉永虎馬から、佐川小学校の新聞記事を送ってもらった。町のたたずまいや知己の表情を思い出し、二月十九日、返状を書き送っている。

思出の深い佐川小学校の記事を、何度も読みかへしました、伊藤蘭林先生には、私も明治六年頃から教へを受けてゐますで、回想して見ますと、いろ〳〵の事がありました、「目細（めぼ）そ」の先生の御宅に習字場があって、（中略）算術と経書の素読を受ける人は、此習字場を出て先生の本宅の座敷で習ったものです

習字場の横には大きなカリンの木があったとも記す。富太郎より一足早く英語を学

び始めた土方寧(ひじかたやすし)には、東京へ出てから一度窮地を救ってもらうが、ニヤリと笑うその目つきは独特だったようだ。富太郎はここでも書いている。

「目細そ」の出口の田のワラグロの脇で、意地の悪ひ顔の土方徳太郎（寧）が、妙な口つきで笑って、学友同士の相撲を見てゐた事も覚えてゐます

この便りを投函したところに吉永からの一報が届き、再度、金峰(きんぷ)神社への道にあるバイカオウレンの写真を求める後便を書いている。懐かしさは強くなるばかりだったのだ。

五　水野龍

前編第一章「故郷の香」で紹介した水野龍は、ブラジルでの共存共栄の理想郷建設に備えて帰国していた。だが昭和十六年（一九四一）の太平洋戦争勃発によって計画はとん挫し、戦中から戦後にかけて高知市の縁者宅で糊口をしのいでいた。

それでも共存共栄、四海兄弟を信念とする水野の意気は衰えず、二十四年、富太郎

に送った手紙でも、この考えで世界平和の実現に向けて忘れず尽くしたいと記す。実現すれば日本人の功績となり、それが可能な時代に生まれた我々は望外の幸せだと昂るのである。

佐川での英学教室では富太郎に先んじ、今また困難な環境でも雄大な壮図を抱き続ける。富太郎は郷里を同じくするこの先輩に、最後の最後まで敬意を表した。

次は、水野のブラジル帰国が実現するようになった二十五年、東京・港区芝の桜田会館にいる彼に送った、四月十二日付、この世での別れを告げる一書（佐川町立青山文庫蔵）である。

先日、新聞紙上で拝見いたしましたが、今回愈よブラジルへ久しぶりて御帰りになられる由、誠に大慶の至に存じ上げます、多分飛行機で御出発になられると思ひますが、長途恙がなく、御安着あられん事を祈り上げます

富太郎は上京するとの葉書をもらい、一目、会って祝意と暇乞いを言いたかった。が、病気に次ぐ病気だっただけに、足が弱ってひょろつき、とても芝まで行けない。

今回、御目にかゝれぬとすると、最早生前には拝眉を得がたく、誠に残り惜しく且悲しく存じます、どうぞ御身を御大切に、且御機嫌克く御帰伯あらん事を、神かけ御祈り致し居ります

ときに富太郎八十八歳、水野九十一歳という米寿超えに入っていた。この先再び会えるだろうなどとは万一にも考えず、富太郎は、水野が期待する最後の面会が成らぬ悔しさを、心を込めて一書に認めたのである。

富太郎は同状で、先年、水野がブラジルの土産として持ち来ったモンキーポットが、科学博物館に陳列されていると記す。はなむけの意を込めた言葉だったのだろう。水野は翌年、現地で歿した。

引用・参考史料

「牧野富太郎関係書翰類」 高知県立牧野植物園蔵
「吉永虎馬受信書翰類写しノート」 井上勁一郎氏蔵
「牧野富太郎書翰類」 高知県立歴史民俗資料館蔵
「牧野富太郎書翰」 故水野進氏蔵
「牧野富太郎関係書翰類」 佐川町教育委員会蔵
「牧野富太郎葉書」 竹村脩氏蔵
「牧野富太郎書翰」 佐川町立青山文庫蔵
「牧野富太郎日記」昭和一一 高知県立牧野植物園蔵
「寛文八年分限帳」 高知県立高知城歴史博物館蔵
「岩本嘉弥太植物採集旅行記」 小松みち氏提供
「菊属（Chrysanthemum）の一新種に就て」 井上勁一郎氏蔵

参考文献

『牧野富太郎自叙伝』 牧野富太郎著／2004／講談社
『続植物記』 牧野富太郎著／昭和19／桜井書店
『牧野富太郎選集』 牧野富太郎著／昭和45／東京美術
『植物一日一題』 牧野富太郎著／1998／博品社
『牧野日本植物図鑑』 牧野富太郎著／昭和15／北隆館
『牧野新日本植物図鑑』 牧野富太郎著／昭和36／北隆館
『日本植物志図篇』 牧野富太郎著／明治21～24／敬業社
『日本植物図解』一 矢田部良吉著／明治24／丸善
『牧野富太郎植物採集行動録』明治大正・昭和 山本正江・田中伸幸編／2004・2005／高知県立牧野植物園
『牧野富太郎とマキシモヴィッチ』 平成12／高知県立牧野植物園
『牧野富太郎と植物画展』 高知県立牧野植物園編／2001／毎日新聞社
『晃嶺の百花譜』 2003／水戸市立博物館

『記事論説文範』　上村貞子編／明治31／博文館
『高知県史』近代編　高知県編／昭和45／高知県文教協会
『白山登山案内』　加藤賢三著／明治44／有声館
『我主イエズスキリストの新約聖書』　ラゲ訳／明治43／公教会
『正倉院御物修繕還納目録』　東野治之編／２００２／奈良大学文学部文化財学科
『伯爵田中青山』　澤本健三編／昭和４／田中伯伝記刊行会
『日本の博物館の父田中芳男展』　飯田市美術博物館編・刊／平成11
『田中芳男十話・経歴談』　田中義信著／平成20／田中芳男の胸像制作等を願う市民
　会議田中芳男を知る会
『動物第五柔軟類多肢類一覧』　文部省編／明治10
『青山田中光顕公年譜』　岡林周編／昭和17／青山会
『漱石全集』一　夏目漱石著／昭和40／岩波書店
『花と恋して』　上村登著／１９９９／高知新聞社
『牧野富太郎』　渋谷章著／２００１／平凡社
『草を褥に』　大原富枝著／２００１／小学館

『牧野植物図鑑の謎』　俵浩三著／１９９９／平凡社
『牧野富太郎博士からの手紙』　武井近三郎著／１９９２／高知新聞社
『佐川町誌』　西村亀太郎編／大正８／佐川町自治会
『吾が村』三　川田信敏編／昭和24／佐川郷土研究会
『佐川町史』下　佐川町史編纂委員会編／昭和56／佐川町
『高岡郡佐川町資料調査報告書』　昭和52／高知県立郷土文化会館
『歴史街道佐川』　松岡司著／平成18／佐川町立青山文庫
『わが町の人びと』　昭和55／佐川町
『植物学雑誌』　関係号　東京植物学会
『牧野植物混混録』九・一〇　牧野富太郎著／昭和23・24
『牧野植物園報』六　昭和43／高知県立牧野植物園
『研究紀要』五　平成８／高知県立歴史民俗資料館
『興農叢誌』一　興農書院編・刊／明治15
『富山大学紀要・富大経済論集』五九－二　２０１３／富山大学
『青山文庫紀要』一一　２００３／佐川町立青山文庫

『英学史研究』一六　１９８４／日本英学史学会
『土佐史談』関係号　土佐史談会
『霧生関』二六　明治43／麗沢舍
『佐川史談霧生関』関係号　佐川史談会

あとがき

私の手元に、今は故人となられた慶應義塾大学名誉教授遠藤喜之先生からの手紙がある。十九年前の平成九年六月、震える手で懸命に書かれた玉章だ。その前、先生は私のいた高知県佐川町の青山文庫にやって来られ、歴史を専門とする私が牧野富太郎の伝記を書け、という趣旨のお話をされた。手紙はその念押しだったのである。

富太郎から植物学を、京都大学で動物学を修め、文学にも深い造詣のある先生からの勧めは刺戟的だったが、ときに富太郎が歿して四十年。歴史家達が取り上げるにはまだ十年早すぎると私は考えていた。

とはいうものの私の生まれ故郷佐川では、両手に余る先人を輩出した中でも、彼が一、二位を争う偉人であることは間違いない。改めて評伝の前提となる史料の調査・収集を頭に置き、文庫を退いた頃から具体的な作業を始めた。

本書は、その成果の一部を「拝啓牧野先生」と題して富太郎宛の音信を、「前略牧野です」と題して富太郎本人の音信を紹介した、『読売新聞』地域面の連載（平成二十四年七月～同二十五年十月）を基に、大幅に加筆したものである。つまり本書は、伝記を著す場合の基本材料となる、富太郎受発信の書簡類を、ミニ解説付きで紹介した本と思って頂きたい。尤も収集は未だ初期段階で、すべて高知県内にとどまる。

キーポイントとなる高知県立牧野植物園の書翰のうち、私生活にかかわるであろうと推定される多くが閲覧できなかったのは残念だが、同園にはその他の多くを提供して頂いた。そして佐川町の井上勁一郎氏、高知県立歴史民俗資料館・佐川町教育委員会・同町立青山文庫、また故水野進・竹村脩両氏にも御協力頂いた。

なお本書が成った背景には、元同植物園牧野文庫司書である小松みち氏の積極的な御支援があったことを特記しておきたい。福岡市立博物館・飯田市美術博物館にも御助言を頂いた。御礼申し上げる。

最後に、連載で御世話になった読売新聞社高知支局次席二代の浦西啓介・立花宏司両氏、本書の刊行を快く受け入れて下さったトンボ出版梅田貞夫氏に、深く感謝の意を表する。

平成二十八年九月十四日

松岡　司

著者紹介

松岡　司（まつおか・まもる）

昭和 18 年（1943 年）高知県佐川町生まれ。
佐川町青山文庫館長を経て、現在は執筆活動や講演活動を行う。

著書

『武市半平太伝　―月と影と―』新人物往来社
『中岡慎太郎伝　―大輪の回天―』新人物往来社
『土佐藩家老物語』高知新聞社
『定本坂本龍馬伝　―青い航跡―』新人物往来社
『歴史街道佐川』佐川町立青山文庫
『宰相　野中兼山伝』富士書房
『異聞・珍聞龍馬伝』新人物往来社
『正伝　岡田以蔵』戎光祥出版株式会社
『南海地震と災害をたどる―残された教訓―』
　高知柏ライオンズクラブ　など多数。

牧野富太郎　通信 ― 知られざる実像 ―

2017 年　3 月 1 日　初版発行

著　者　松　岡　　司

印刷・製本　㈱ NPC コーポレーション

発行所　**トンボ出版**
大阪市中央区森ノ宮中央 2-3-11
TEL. 06-6944-2753・FAX. 06-6944-2743
Email：office@tombow-shuppan.co.jp

ISBN978-4-88716-250-1　C0240